Salah Abdel Gawad
Mohammed Abdel Razik
Mostafa Mosaad

Comportamento ao corte de vigas reforçadas com agregado grosso reciclado

Salah Abdel Gawad
Mohammed Abdel Razik
Mostafa Mosaad

Comportamento ao corte de vigas reforçadas com agregado grosso reciclado

ScienciaScripts

Imprint

Any brand names and product names mentioned in this book are subject to trademark, brand or patent protection and are trademarks or registered trademarks of their respective holders. The use of brand names, product names, common names, trade names, product descriptions etc. even without a particular marking in this work is in no way to be construed to mean that such names may be regarded as unrestricted in respect of trademark and brand protection legislation and could thus be used by anyone.

Cover image: www.ingimage.com

This book is a translation from the original published under ISBN 978-3-659-82724-2.

Publisher:
Sciencia Scripts
is a trademark of
Dodo Books Indian Ocean Ltd. and OmniScriptum S.R.L publishing group

120 High Road, East Finchley, London, N2 9ED, United Kingdom
Str. Armeneasca 28/1, office 1, Chisinau MD-2012, Republic of Moldova, Europe
Printed at: see last page
ISBN: 978-620-3-61320-9

Comportamento ao corte de vigas de betão armado moldadas com agregado grosso reciclado

Salah Abd El-Gawad

Mohammed Abdel Razik

Mostafa Mosaad khttab

RECONHECIMENTO

Antes de mais, obrigado a ALÁ (SWT) pela bênção e oportunidade de terminar este trabalho. É devido um agradecimento especial ao pessoal técnico do laboratório do Centro Nacional de Investigação da Habitação e Construção pela sua ajuda no trabalho experimental.

Salah Abd El-Gawad Mohammed Abdel Razik Mostafa Mosaad Khttab

Para

A memória dos meus pais e

A minha mulher, os meus filhos e as minhas filhas **Salah Abd El-Gawad**

Para

A memória dos meus pais e

a minha mulher, os meus filhos e as minhas filhas.

Mohammed Abdel Razik

Para

A memória do meu pai, da minha mãe maravilhosa e dos meus irmãos **Mostafa Mosaad**

RESUMO

A quantidade de resíduos sólidos de construção e demolição (C&D) tem aumentado consideravelmente nas últimas décadas. Do ponto de vista da preservação do ambiente e da utilização eficaz dos recursos, a trituração de resíduos sólidos (C&D) para produzir agregados grosseiros com diferentes percentagens de substituição para a produção de misturas de betão é um meio comum de obter um betão mais ecológico.

Nos Estados Unidos da América (EUA), são atualmente utilizados cerca de 2,7 mil milhões de toneladas métricas de agregados, sendo os pavimentos responsáveis por 10-15%, enquanto outros trabalhos de construção e manutenção de estradas consomem outros 20-30% e a maior parte dos agregados, cerca de 60-70%, é utilizada em betão estrutural. Os agregados de reciclagem (AR) nos EUA são produzidos por produtores de agregados naturais, empreiteiros e centros de reciclagem de entulho, que têm uma quota de 50%, 36% e 14%, respetivamente. São dados incentivos ao transporte de resíduos de betão e de agregados processados dos locais de produção para promover a utilização de AR, embora uma grande parte da produção seja adequada apenas como enchimento ou base de construção [23].

Na União Europeia (UE), estima-se que a produção anual de resíduos de C&D poderá ascender a 450 milhões de toneladas, o que constitui o maior fluxo de resíduos, para além dos resíduos agrícolas. Mesmo excluindo a terra e alguns outros resíduos, estima-se que os resíduos de C&D produzidos sejam de 180 milhões de toneladas por ano e, considerando uma população de aproximadamente 370 milhões, a produção anual de resíduos per capita é de cerca de 480 kg. Embora não existam números claros sobre a reciclagem em cada país da UE, um estudo da UE calculou que, no final da década de 1990, uma média de 28% de todos os resíduos de C&D era reciclada. A maioria dos países membros da UE estabeleceu objectivos de reciclagem que variam entre 50% e 90% da sua produção de resíduos de C&D, a fim de substituir recursos naturais como a madeira, o aço e os materiais de pedreira. Os materiais reciclados são geralmente menos dispendiosos do que os materiais naturais, e a reciclagem na Alemanha, Países Baixos e Dinamarca é menos dispendiosa do que a eliminação [23].

Hong Kong e Taiwan também iniciaram programas para promover a utilização de resíduos de C&D em betão novo. Em Hong Kong, são produzidas anualmente cerca de 14 milhões de toneladas de resíduos de C&D. No passado, a parte inerte deste material era reutilizada na recuperação de terrenos. Contudo, devido à crescente oposição, a maioria destes projectos foi adiada ou drasticamente reduzida. Em 2002, o Governo da RAE de Hong Kong criou uma instalação-piloto de reciclagem de materiais de C&D, com uma capacidade de manuseamento de 2400 toneladas por dia, para produzir AR para utilização em projectos governamentais e trabalhos de I&D relevantes. A instalação produz material para enchimento de rochas e RA grosseiro e fino. Nesta instalação, apenas são utilizadas rochas britadas e betão, como parte das medidas de controlo de qualidade, que incluem a triagem de contaminantes, como tijolos e telhas, e uma amostragem e ensaio diários dos produtos. A fábrica já produziu 240 000 toneladas de AR de alta qualidade. Até ao final de outubro de 2003, mais de 10 projectos que envolviam estacas armadas, lajes, vigas e paredes de parâmetros, edifícios exteriores e muros de contenção e betão em massa consumiram mais de 22 700 m3 de betão utilizando AR [23]. Neste livro, a investigação foi efectuada em duas fases. Na primeira fase, procedeu-se à seleção dos materiais e avaliaram-se as caraterísticas físicas, mecânicas e químicas desses materiais. Foram concebidas quatro vigas com diferentes misturas de betão. Os parâmetros de investigação foram os rácios de Agregado de Betão Reciclado (RCA) como substituição parcial, os rácios de vão e profundidade e o efeito de diferentes localizações e reforços de aberturas no comportamento de corte dos provetes. As propriedades mecânicas de todas as misturas foram avaliadas com base nos resultados da resistência à compressão e da trabalhabilidade. Por conseguinte, foram selecionadas duas misturas para serem utilizadas na fase seguinte. Na segunda fase, foi desenvolvido o estudo do comportamento estrutural das vigas de betão. Foram moldadas doze vigas para investigar o efeito dos rácios RCA, os rácios entre o vão e a profundidade no comportamento ao corte, o efeito da abertura de condutas rectangulares em diferentes locais das vigas e os rácios de aço longitudinal e transversal em torno das aberturas no comportamento ao corte. Todas estas vigas foram projectadas para falhar ao corte.

Os resultados dos ensaios de resistência à compressão do betão indicaram que a substituição do agregado natural por até 50% de agregados reciclados de betão em misturas com um teor de cimento de 350 kg/m3 levou a um aumento da resistência à compressão do betão.

A resistência ao corte final das vigas com agregados reciclados de betão (RCA) é muito próxima da dos agregados naturais, o que indica a possibilidade de utilizar RCA como substituto parcial para produzir elementos estruturais de betão.

Foi investigada a validade dos procedimentos dos códigos ECCS 203-2007 e ACI 318-2011 para estimar a resistência ao corte das vigas RCA ensaiadas. Verificou-se que os procedimentos dos códigos fornecem estimativas conservadoras para a resistência ao cisalhamento.

Índice

Capítulo 1
INTRODUÇÃO
1-1 GERAL

A quantidade de resíduos de construção e demolição aumentou consideravelmente nos últimos anos. Os materiais mais pesados encontrados nos resíduos de construção e demolição são as rochas, o betão e os resíduos cerâmicos. Atualmente, quase todo o betão demolido é depositado em aterros.

Do ponto de vista da preservação do ambiente e da utilização eficaz dos recursos, o interesse pela utilização de materiais reciclados provenientes de resíduos de construção e demolição está a aumentar em todo o mundo. A trituração do betão para produzir agregado grosso como substituição parcial do agregado natural para a produção de misturas de betão é um meio comum de obter betão mais ecológico. Isto reduz o consumo de recursos naturais, bem como o consumo dos aterros necessários para os resíduos de betão.

A reciclagem completa e repetida do betão tornou-se recentemente um aspeto importante da indústria da construção. Uma vez que o betão é composto apenas por materiais cimentícios e pós gerados durante a produção de agregados reciclados que podem ser reprocessados como recursos de cimento, isto permite a reciclagem repetida num sistema totalmente fechado. A reciclagem do betão pode ser realizada através da reutilização de produtos de betão, que são depois transformados em matérias-primas secundárias como materiais de enchimento, bases e sub-bases de estradas, ou agregados para a produção de misturas de betão.

A reutilização de betão britado como agregado em betão de alta qualidade tem sido até agora limitada pela falta de normas, experiência e conhecimentos. Seria necessária uma triagem e ensaios extensos e proibitivamente dispendiosos do material reciclado para produzir um agregado reciclado que cumprisse potencialmente as especificações técnicas e as expectativas de desempenho do betão estrutural. No entanto, a investigação laboratorial e a experiência em vários projectos recentes provaram que é viável utilizar betão reciclado como agregado para novas misturas de betão.

1-2 OBJECTIVOS DA INVESTIGAÇÃO

O objetivo desta parte da investigação é o seguinte

1- Investigar a aplicabilidade da produção de betão estrutural com agregado de betão reciclado.

2- Avaliação do comportamento ao corte de vigas de betão armado produzidas com betão de agregados reciclados, em relação ao comportamento de vigas de betão armado com agregados naturais.

3- Avaliação da adequação das disposições dos códigos egípcios ECCS 203-2007 e ACI 318-2011 para a previsão da resistência ao corte de vigas de betão com agregados reciclados.

1-3 PLANO DE INVESTIGAÇÃO

Este estudo é composto por cinco fases:

4- Foi realizada uma revisão da literatura; o objetivo desta revisão foi captar as propriedades do Agregado de Betão Reciclado (RCA) e a sua aplicabilidade no betão estrutural.

5- Produção dos agregados grosseiros reciclados; os agregados grosseiros reciclados utilizados nesta investigação foram produzidos através da trituração de antigos provetes e cubos de betão testados que foram utilizados em investigações e ensaios laboratoriais anteriores.

6- O trabalho experimental desta investigação foi efectuado em duas fases:

• Produção de três misturas de betão com diferentes contribuições de rácios RCA.

• Investigação do comportamento ao corte de dezasseis provetes de vigas de betão armado com diferentes contribuições de rácios RCA, diferentes vãos de corte, diferentes locais de aberturas de condutas rectangulares e diferentes técnicas de reforço em torno das aberturas.

7- É efectuada uma comparação dos resultados dos ensaios experimentais com os previstos pelos códigos egípcio e ACI.

8- São apresentadas as conclusões do presente estudo e recomendações para futuros trabalhos de investigação.

Capítulo 2
REVISÃO DA LITERATURA
2-1 GERAL

A utilização de agregados reciclados no betão abre um novo leque de possibilidades na utilização de materiais reciclados na indústria da construção. A utilização de agregados reciclados é uma boa solução para o problema do excesso de resíduos sólidos de C&D. A reciclagem do betão ganha importância porque protege os recursos naturais e elimina a necessidade de eliminação, utilizando o betão facilmente disponível como fonte de agregados para novas misturas de betão. Isto tem impactos ambientais e económicos significativos.

De acordo com os regulamentos de alguns países, a substituição de agregados finos naturais por agregados finos reciclados não foi considerada. Tal deveu-se ao facto de os agregados finos reciclados conterem uma grande quantidade de argamassa aderente, o que resulta em dificuldades na obtenção da trabalhabilidade necessária, bem como em aumentos consideráveis da deformação (causada por fluência e retração) e em reduções acentuadas do módulo de elasticidade e da resistência à compressão [21]. A utilização de quaisquer finos reciclados na produção de betão pode ser proibida [23]. Por isso, neste livro, centramos as nossas preocupações nos agregados reciclados.

2-2 PROPRIEDADES DOS AGREGADOS RECICLADOS

Dado que os dados de qualidade do betão antigo são muitas vezes desconhecidos (relação a/c, tipo e quantidade de adjuvantes, origem e granulometria dos agregados, etc.), bem como a diferenciação das suas propriedades durante o seu tempo de execução, o conhecimento e os ensaios do RCA devem referir-se a quatro categorias [32]:

a- Dados históricos do RCA referentes à composição do betão antigo.

b- Caraterísticas físicas, especialmente em termos de absorção de água, gravidade específica, quantidade de cloretos e sulfatos, quantidade de ingredientes estranhos contidos, possibilidade de criação de reação álcali-sílica.

c- Caraterísticas mecânicas, ensaio de resistência à abrasão/degradação. d- Caraterísticas ambientais.

2-2-1 PROPRIEDADES FÍSICAS DOS AGREGADOS RECICLADOS

2-2-1-1 Forma e classificação

Os agregados reciclados tendem a ter uma forma de partícula mais irregular do que os agregados naturais e uma superfície mais grosseira. A forma dos agregados de betão reciclado depende do tipo de trituradores [12].

Os dois tipos b sicos de trituradores s o os trituradores de compress o (trituradores de maxilas e trituradores de cone) e os trituradores de impacto (trituradores verticais e horizontais) [11], ver figuras (2-1) e (22). De acordo com o ACI 555R-01 [2], as britadeiras de maxilas fornecem a distribuiç o de partículas para fins de construç

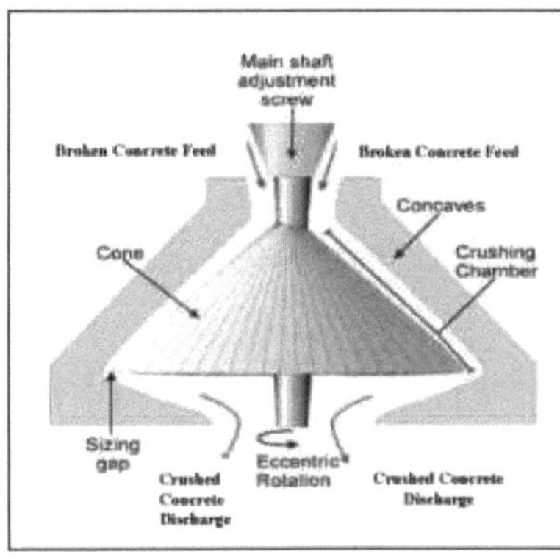

Cone Crusher

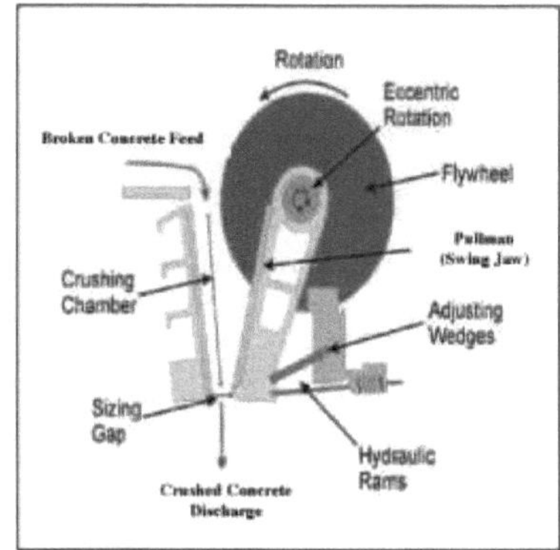

Jaw Crusher

Fig. (2-1): Trituradores de compressão [11]

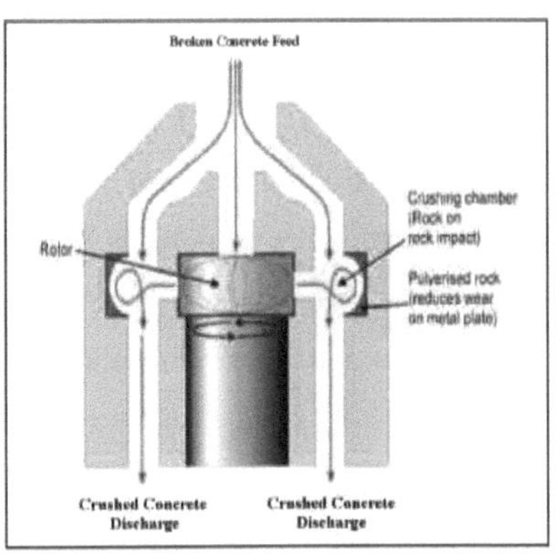

Vertical Crusher

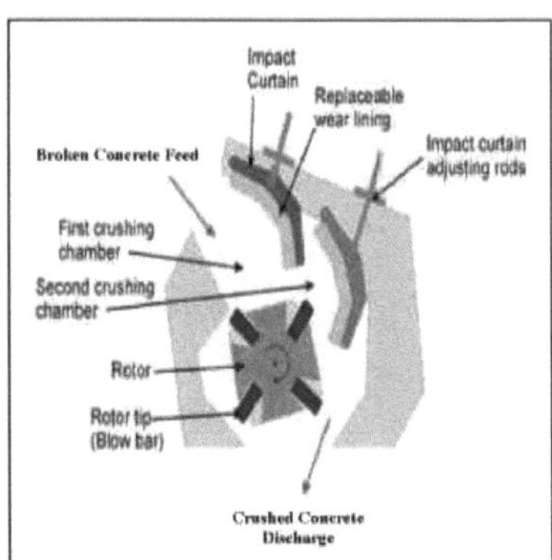

Horizontal Crusher

Fig. (2-2): Trituradores de impacto [11]

A maioria das instalações de reciclagem tem
trituradores primários (de cone e verticais) e secundários (de mandíbulas
e horizontais). O material passa então por dois crivos que separam o agregado em tamanhos
superiores e inferiores a 3/8 in. O material maior é enviado para o triturador secundário, onde
é definido o tamanho mµximo desejado para o agregado grosso [11].

2-2-1-2 Densidade

A densidade dos agregados é o parâmetro de classificação mais fundamental; a densidade constitui um parâmetro muito importante para uma dosagem precisa e para a conceção da mistura de betão [22]. A densidade dos agregados grossos reciclados é inferior à dos agregados grossos convencionais, devido à argamassa aderente e à qualidade dos agregados originais [18].

As variações nas relações água-cimento do betão não parecem ter um impacto significativo nas densidades [26]. Devido à grande quantidade de argamassa antiga e pasta de cimento aderente aos agregados reciclados, a sua densidade específica será 5% a 10% inferior à dos agregados virgens no betão antigo. Os valores típicos da gravidade específica dos agregados reciclados variam entre 2,2 e 2,5 na condição de superfície saturada e seca [11].

2-2-1-3 Absorção de água

Uma das diferenças físicas mais marcantes entre os agregados reciclados e os virgens é a maior absorção de água, que é considerada um dos factores mais importantes a ter em conta na determinação das proporções da mistura de materiais na produção de betão [18]. Os valores de absorção variam tipicamente entre 2% e 6% para os agregados reciclados grossos, enquanto as taxas de absorção para os finos de betão britado variam entre 4% e 8% [11].

A capacidade de absorção e o nível de humidade dos agregados reciclados devem ser considerados para a produção de betão. O teor de humidade nos agregados grossos reciclados deve ser elevado. Consequentemente, devem ser utilizados na produção de betão com pouca capacidade de absorção, a fim de produzir betão de qualidade controlada (a relação a/c efectiva e a trabalhabilidade do betão fresco) [20]. A pré-embebição dos agregados reciclados é por vezes recomendada para ajudar a manter a uniformidade da absorção durante a produção de betão [11].

2-2-1-4 Índice de escamação

As partículas finas e planas podem reduzir a resistência quando a carga é aplicada no lado plano do agregado ou ao longo da sua dimensão mais curta e são também propensas a segregação e desagregação durante a compactação, criando finos adicionais. A trabalhabilidade do betão fresco contendo partículas escamosas pode ser reduzida. Em geral, os materiais escamosos não são adequados para a maioria das aplicações. O limite superior geral para o índice de escamação do agregado é de 40% em massa [22].

2-2-2 Propriedades Mecânicas de Agregados Reciclados

2-2-2-1 Perda por abrasão

A norma ASTM C 33, Specification for Concrete Aggregates, inclui um requisito de perda por abrasão (segundo a norma ASTM C 535) inferior a 50% para os agregados utilizados na construção em betão e inferior a 40% para a pedra britada utilizada em pavimentos [2]. De acordo com o relatório do Comité ACI 555 [2], é de esperar que todos os RCA, exceto os fabricados a partir de betão reciclado de pior qualidade, cumpram estes requisitos de perda por abrasão. As perdas por abrasão típicas dos agregados reciclados variam entre 20% e 45% [11].

2-2-2-2 Valor de impacto

O valor de impacto do agregado indica a resistência do agregado a um impacto súbito. É aceitável um valor entre 25% e 45%. Os requisitos gerais de 25% são especificados para elementos de betão pesados [22].

2-2-3 Propriedades Químicas dos Agregados Reciclados

2-2-3-1 Teor de cloretos

O agregado reciclado com teor de cloreto proveniente de estruturas marítimas ou de elementos estruturais expostos de forma semelhante pode induzir a corrosão das armaduras de aço. Dependendo da fonte de agregado, o cloreto pode estar presente no agregado, quer como sais de potássio quer como sais de sódio. É necessário um limite para o teor total de cloreto para minimizar o risco de corrosão das armaduras de aço incorporadas, sendo adotado um limite de 0,05% em muitas especificações [22].

2-2-3-2 Teor de sulfatos

O betão reciclado de edifícios pode estar contaminado por sulfatos provenientes do gesso e das placas de gesso, o que cria a possibilidade de ataque por sulfatos se os agregados reciclados utilizados no betão estiverem acessíveis à humidade.

O teor de sulfatos pode dar origem à rutura expansiva do betão. Alguns tipos de sulfatos no agregado reciclado presentes como hidratos de cimento no betão endurecido ou na argamassa residual podem ter menos probabilidades de participar em qualquer reação posterior com o betão novo. Um limite inferior a um por cento de sulfato é sempre aplicado em várias aplicações de construção [22].

2-2-3-3 Reatividade álcalis-sílica (ASR)

A minimização do risco de reação da sílica alcalina assume normalmente a forma de limitações ao teor de álcalis do betão, mas pode ser conseguida através da especificação de combinações de agregados não reactivos. É possível que um agregado reciclado introduza no betão novo álcalis que excedam estes requisitos. Os agregados reciclados são também susceptíveis de conter algum vidro de janela, que é geralmente considerado como fazendo parte do pequeno grupo de agregados altamente reactivos, como a opala [7].

2-3 PROPRIEDADES DO BETÃO COM AGREGADOS RECICLADOS

As investigações anteriores sobre o agregado de betão reciclado (RCA) limitaram-se, em grande medida, ao fabrico de betão de qualidade não estrutural. Atualmente, muitas investigações centram-se na possibilidade de utilização do betão de agregados reciclados como material estrutural. De facto, nenhum dos resultados mostrou que os agregados reciclados são inadequados para utilização estrutural.

2-3-1 Propriedades do betão de agregados reciclados frescos

2-3-1-1 Trabalhabilidade

Devido à absorção relativamente elevada dos agregados reciclados em comparação com os agregados convencionais, pode ser necessária mais água de mistura e um abatimento inicial mais elevado. Isto é particularmente verdade para os agregados que estão secos antes da dosagem. A experiência mostra que os agregados reciclados continuam a absorver água após a mistura numa central de lotes. Isto pode causar uma perda de abatimento e de trabalhabilidade após a conclusão da mistura. Para compensar este facto, os agregados reciclados--como os agregados leves estruturais--podem ser pré-humedecidos em pilhas de armazenamento com um sistema de aspersão [11]. Pelo contrário, De Juan e Gutierrez [8] verificaram um aumento da trabalhabilidade do betão reciclado e atribuíram esse facto ao melhor índice de forma do agregado reciclado utilizado e à sua boa classificação.

2-3-1-2 Conteúdo de ar

O teor de ar natural (aprisionado) do betão de agregados reciclados pode ser um pouco superior ao dos betões correspondentes feitos com agregados convencionais.

2-3-2 Propriedades do betão de agregados reciclados endurecidos

2-3-2-1 Resistência à compressão

As caraterísticas da resistência à compressão do betão fabricado com RCA são influenciadas por vários factores principais: a resistência do betão original, a composição do RCA no novo betão, as propriedades do RCA e a relação água-cimento. É geralmente aceite que a pasta de cimento do betão original que aderiu ao RCA. Desempenha um papel importante no desempenho do betão feito com RCA [23].

[8], realizou uma investigação para estudar a influência de diferentes percentagens de agregados reciclados de betão nas propriedades do betão, a fim de estabelecer uma percentagem máxima utilizável no betão.

As misturas de betão reciclado foram proporcionadas utilizando misturas de agregados naturais e reciclados com até 100%, 50% e 20% de agregados reciclados grosseiros. Para avaliar o efeito real do agregado grosso reciclado nas propriedades do betão, os agregados grossos, tanto naturais como reciclados, foram pré-embebidos. Isto permitiu aos investigadores comparar o betão reciclado e o betão de controlo com a mesma relação água/cimento eficaz. Todas as misturas tinham areia natural. Foi testada uma vasta gama de rácios efectivos água/cimento (0,4-0,45-0,5-0,55-0,6-0,65).

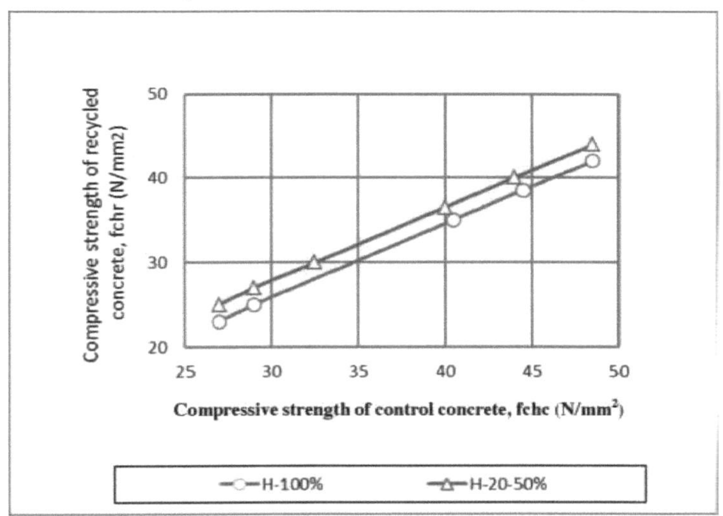

Fig. (2-3): Relação entre a resistência à compressão dos betões reciclados e de controlo [8]

Os resultados da resistência à compressão mostraram que a diminuição média obtida no betão reciclado contendo 100% de agregados reciclados foi de 13%. Os resultados para os betões com 20% e 50% de agregados reciclados foram muito semelhantes, com uma diminuição média de 3%. A correlação entre a resistência à compressão dos betões reciclados e de controlo é apresentada na figura (2-3).

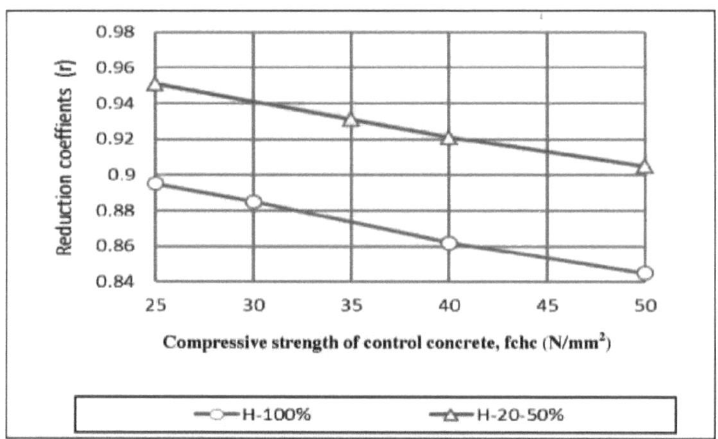

Fig. (2-4): Coeficientes de redução da resistência à compressão de betões reciclados [8]

A partir destes dados, foi obtido o coeficiente de redução "r" para estimar a resistência à compressão do betão reciclado a partir da resistência à compressão conhecida de um betão de controlo com a mesma dosagem. A figura (2-4) mostra que a diminuição é maior para os betões com maior resistência, variando entre 0,85 e 0,895 para os betões reciclados com 100% de agregados reciclados, e entre 0,90 e 0,95 para os betões reciclados com 20% e 50% de agregados reciclados.

Estes coeficientes de redução podem ser utilizados para adaptar os métodos convencionais de conceção de misturas a um betão reciclado com uma resistência à compressão (*fchr*), sendo necessário utilizar uma dosagem correspondente a um betão de controlo com uma resistência à compressão de (*fchr / r*), em que "r" é retirado da figura (2-4).

[23] Discutiram os efeitos de até 100% de agregado de betão reciclado grosso nas propriedades do RAC, a fim de examinar a sua adequação para utilização numa série de aplicações designadas. Estas incluem fundações, pavimentação e betão armado ou pré-esforçado em aplicações ambientais suaves e moderadas.

As misturas testadas abrangeram uma gama de resistências de projeto, 10 - 45 N/mm² , os betões RCA foram proporcionados utilizando misturas de agregados naturais e reciclados, (0,20,30,50 e 100%) de RCA grosso. Para estas misturas, os teores de água livre e cimento foram mantidos os mesmos que para o betão de agregado natural correspondente (NAC), mas os teores de agregado foram ligeiramente ajustados para manter o rendimento.

Foram realizados ensaios de resistência à compressão em cubos de betão padrão de 150 mm em idades até um ano após a cura inicial em água a 20° C e no ar a 20° C/55%RH. Os resultados mostraram que até 30% de RCA grosso não tem efeito na resistência do betão, mas depois disso ocorre uma redução gradual com o aumento do teor de RCA.

Utilizando os resultados do estudo, foram geradas famílias de curvas de relação a/c versus resistência para betões com agregados naturais e reciclados. Estas foram então utilizadas para estabelecer os ajustamentos necessários à relação a/c para ter em conta o efeito do teor de RCA grosso, Fig. (2-5). Este método foi utilizado inicialmente com uma única resistência de projeto, com a alteração adequada da relação a/c através (i) do teor de água ou (ii) do teor de cimento ou (iii) de ambos. Verificou-se que as três vias funcionaram satisfatoriamente, mas foi ligeiramente difícil obter as propriedades desejáveis no estado fresco das misturas com um teor de RCA superior a 50% quando os ajustamentos foram efectuados segundo a primeira via.

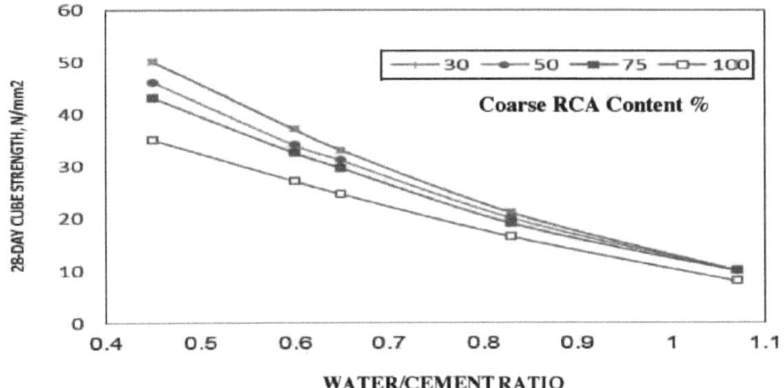

Fig. (2-5): Relação entre a relação água/cimento e a relação entre a resistência ao cubo aos 28 dias [23].

[23], concluíram que a resistência à compressão do betão reciclado depende da resistência do betão original e é largamente controlada por uma combinação da relação água-cimento (a/c) do betão original e da a/c do betão reciclado.

Com o objetivo de estudar o efeito do tipo de betão original na resistência à compressão do novo betão, [22] apresentou um estudo experimental sobre a microestrutura e o desenvolvimento da resistência de betões preparados com diferentes tipos de agregados reciclados. Neste estudo foram utilizados três agregados grossos, incluindo um agregado natural e dois agregados reciclados. O agregado natural (NA) era granito britado com dimensões nominais de 10 e 20 mm. Foram selecionados dois tipos de betão britado para utilização. Um foi identificado como um betão de resistência normal (NC) e o outro foi identificado como um betão de elevado desempenho (HPC) que continha aditivos minerais, tais como sílica de fumo e cinzas volantes.

Foram preparadas três misturas de betão com uma relação água-cimento constante de 0,5 para todas as misturas. Os valores de abatimento das misturas foram projectados para 30-40 mm. O betão preparado foi lançado em moldes de aço de 100 cúbicos. Os espécimes foram curados com água e testados após 7, 28 e 90 dias.

Os resultados dos ensaios de resistência à compressão mostraram que o betão preparado com RCA tinha uma resistência à compressão inferior à do betão preparado com o granito britado aos 7 e 28 dias de idade. No entanto, o betão preparado com HPC reciclado teve um melhor desempenho do que o preparado com NC reciclado. Nas idades de 7 dias e 28 dias, a resistência do betão preparado com NC reciclado foi 20% e 20,5%, respetivamente, inferior à do betão de controlo, enquanto a resistência do betão preparado com HPC reciclado foi apenas 9,0% e 6,8%, respetivamente, inferior à do betão de controlo. Na idade de 90 dias, a resistência do betão com agregados reciclados de HPC atingiu o nível do betão preparado com agregados naturais.

Observou-se que a diferença no desenvolvimento da resistência entre os betões com agregados reciclados de HPC e NC se deveu às diferenças tanto na resistência dos agregados grossos como nas propriedades microestruturais da zona de transição interfacial. Uma zona interfacial relativamente densa estava presente no betão de elevado desempenho, enquanto uma camada de produto solta e porosa preenchia a zona de transição interfacial do betão de resistência normal.

[6], foram analisadas três séries de betões com níveis de resistência à compressão próximos de 18, 37 e 48 MPa. Cada série inclui uma pedra britada granítica natural e dois tipos de agregados reciclados. O primeiro tipo foi derivado de betão de alta resistência ($fc = 55\pm5$ MPa aos 28 dias). O segundo tipo foi derivado de betão de resistência normal ($fc = 30\pm5$ MPa aos 28 dias).

Foram efectuados ensaios de compressão em cilindros de 150 x 300 mm após 28 dias. Verificou-se que, nas séries 1 e 2, o betão preparado com agregados naturais de pedra britada tem uma resistência semelhante à do betão preparado com agregados reciclados derivados de betão de alta resistência. Ao mesmo tempo, o betão preparado com agregados reciclados de betão de resistência normal apresentou uma redução da resistência de 15%. Na série 3, a resistência à compressão de ambos os RAC foi cerca de 10% inferior à do betão preparado com agregado natural.

[22], realizaram a sua investigação sobre o impacto da adição de sílica de fumo nas

propriedades do betão de agregados reciclados. As misturas foram ajustadas para a produção de betão reciclado (RC) e betão reciclado com sílica ativa (RCS), ambos contendo 50% de agregados grossos reciclados. Foi feita uma comparação entre estes dois materiais e o betão convencional padrão (misturas CC), que também foi modificado pela adição de sílica de fumo (misturas CCS). A consistência foi definida por valores de abatimento entre 6 e 9 cm. A quantidade de sílica de fumo nas misturas CCS e RCS a adicionar ao peso do cimento foi fixada em 8%.

Foram feitas 10 misturas CC, 7 CCS, 10 RC e 6 RCS. A resistência à compressão foi testada aos 7, 28 e 115 dias. Os resultados mostraram que era possível produzir betão armado com 50% de agregados RC e uma quantidade de cimento 6,2% superior à do CC, com quase a mesma resistência à compressão (cerca de 30 MPa aos 28 dias) e com a mesma consistência. A resistência à compressão do betão reciclado com sílica de fumo foi também semelhante à do betão convencional com este aditivo. No entanto, em todos os casos, após 28 dias (após a reação pozolânica), o RCS apresentou maior resistência à compressão do que o CC. Por outras palavras, a adição de 8% de sílica de fumo às misturas contendo agregados reciclados revelou-se benéfica em termos de resistência à compressão. A Fig. (2-6) mostra as tendências semelhantes no desenvolvimento da resistência à compressão do cubo tanto para o CC/RC como para o CCS/RCS.

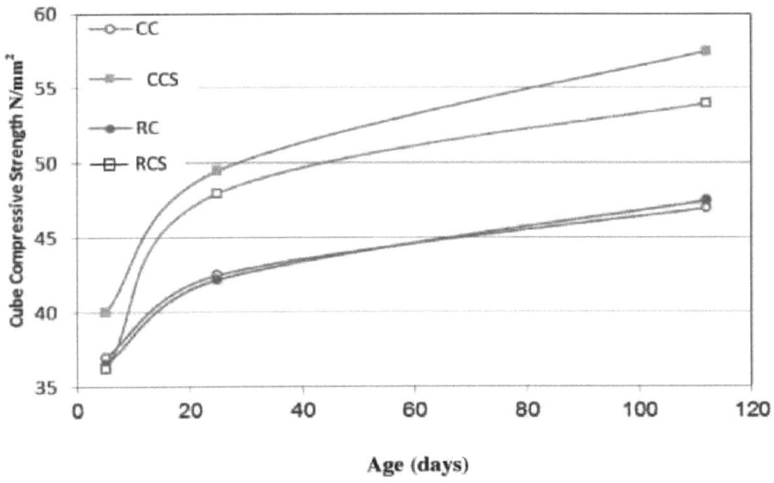

Fig. (2-6): Desenvolvimento da resistência à compressão do cubo [22]

Com base num grande número de resultados experimentais publicados em todo o mundo entre 1985 e 2004, foi desenvolvida uma base de dados experimental por [23], no que respeita às principais propriedades mecânicas dos RAC. O objetivo era ter em conta o maior número possível de tipos de agregados reciclados e, simultaneamente, estabelecer relações tão simples quanto possível entre as várias propriedades mecânicas. A seleção foi feita de acordo com as regras ilustradas na Tabela (2-1).

É efectuada uma análise de regressão estatística para estabelecer a relação empírica entre a resistência à compressão e a massa volúmica, sendo utilizado um modelo de regressão linear. O resultado é dado pela equação (2-1)

$$f_{cu} = a\rho + b \tag{2-1}$$

Em que "a" e "b" são os coeficientes de regressão, "f_{cu}" é a resistência à compressão em MPa e "ρ" é a massa volúmica em kg/m^3 do betão reciclado. Com um coeficiente de correlação R = 0,92, as constantes "a" e "b" são obtidas como a = 0,069 e b= -116,1. Assim, a relação entre a resistência à compressão e a massa volúmica do betão reciclado pode ser estabelecida como mencionado na equação (2-2).

$$f_{cu} = 0,069\rho - 116,1 \tag{2-2}$$

Tabela (2-1): Condições de seleção dos resultados dos ensaios para a base de dados [46]

Parâmetros	Gama de valores e condições de teste
Resistência à compressão de 28 dias (cubo)	(15-55) MPa
Estado de cura	Padrão/água
Idade	28 dias ou mais
Relação água/cimento	0.3-1
Teor de cimento	100-550 kg/m^3
Tipo de cimento utilizado	CEM I 32.5R / CEM I 42.5NA / OPC 32.5R / OPC 42.5R / CEM I A 52,5 / CEM IIIB 42,5
Agregado fino	Areia natural
Teor de cinzas volantes	0
Conteúdo de agregados reciclados	10-100%
Fonte de agregados reciclados	Betão demolido / betão moldado em laboratório / pavimento de aeroporto / elemento estrutural pré-fabricado rejeitado
Percentagem de entulho de alvenaria	0-5%

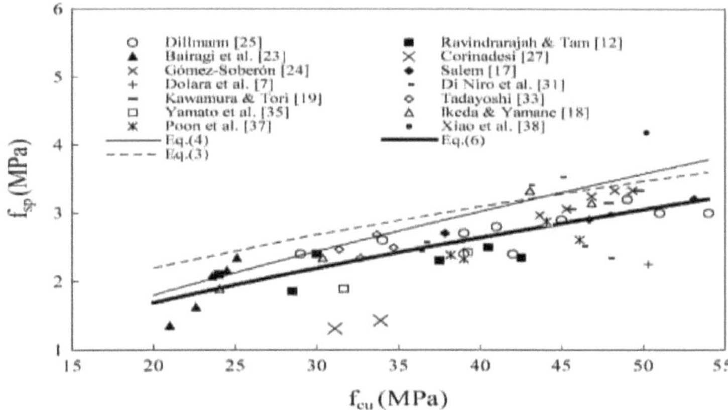

Fig. (2-7): Relação entre a resistência à tração por rutura e a resistência à compressão do RAC [22]

2-3-2-2 Módulo de elasticidade

O módulo de elasticidade é uma medida da rigidez inerente de um material. Os materiais com um grande módulo de elasticidade deformam-se menos sob as mesmas condições de carga [23]. A substituição parcial de agregados naturais por agregados reciclados de betão não apresenta uma grande diferença no módulo de elasticidade do betão [18 e 19]. [9], verificou que os valores do módulo de elasticidade são semelhantes para betões com proporções de mistura até 40% de substituição por agregados reciclados. [21], investigou que, para betões com resistências cilíndricas entre 25 e 30 MPa, o módulo de elasticidade do betão de agregados reciclados era apenas 3% inferior ao do betão de agregados naturais.

Pelo contrário, [8] investigou que o módulo de elasticidade é uma das propriedades mais afectadas dos betões reciclados, mesmo com baixas percentagens de agregados reciclados. Os betões com percentagens de agregado reciclado de (20%, 50% e 100%) apresentaram valores médios de módulo de elasticidade 10%, 20% e 40% inferiores aos correspondentes betões de agregado natural com a mesma dosagem. [26], relata resultados semelhantes, onde o módulo de elasticidade médio foi encontrado para ser 10% a 30% menor para betões feitos com agregados reciclados em comparação com betões feitos com agregados naturais.

2-3-2-3 Resistência à tração e à flexão

As resistências à tração e à flexão do betão de agregados reciclados podem ser superiores ou inferiores às do betão natural, dependendo da relação água-cimento [23]. [22] verificou que as resistências à tração do betão de agregados reciclados são iguais às do betão de agregados normais para relações água-aglomerante de 0,40, 0,55 e 0,70, enquanto as resistências à tração do betão de agregados reciclados são inferiores às do betão de agregados normais para uma relação água-aglomerante de 0,25.

De acordo com [8], a resistência à tração do betão reciclado com a mesma dosagem permanece quase igual à resistência do betão de controlo. Os betões com uma percentagem de agregado reciclado de 20% e 50% apresentaram uma diminuição média de 2%. A redução nos betões com 100% de agregado reciclado foi maior, com um valor médio de 10%.

2-4 APLICAÇÕES NÃO-ESTRUTURAIS DE AGREGADOS RECICLADOS DE BETÃO

O betão triturado pode ser reutilizado em novas construções como material de base para estradas e caminhos-de-ferro, enchimento ou componentes do pavimento. Em algumas aplicações, o betão reciclado pode ser utilizado em vez de agregado para camadas de drenagem e sub-bases. Outras utilizações potenciais incluem balastro, sub-balastro, drenagem, controlo da erosão e material filtrante. O betão finamente triturado também pode ser utilizado como agente neutralizante numa variedade de aplicações.

Base granular 2-4-1

A camada de base é definida como a camada de material que se encontra imediatamente abaixo da superfície de desgaste de um pavimento. A camada de base deve ser capaz de evitar o sobre-esforço da sub-base e de suportar a elevada pressão que lhe é imposta pelo tráfego. Pode também proporcionar drenagem e dar proteção adicional contra a ação do gelo, quando necessário. [23]

Os agregados reciclados podem ser utilizados como base granular e sub-base na construção de estradas, ver figura (2-8). Em muitas aplicações, o agregado reciclado revelar-se-á superior ao agregado natural para utilização como base granular. Estima-se que 85% dos

Todos os resíduos de betão reciclados são utilizados como base para estradas devido à sua disponibilidade, ao baixo custo de transporte e às suas boas propriedades físicas. [23]

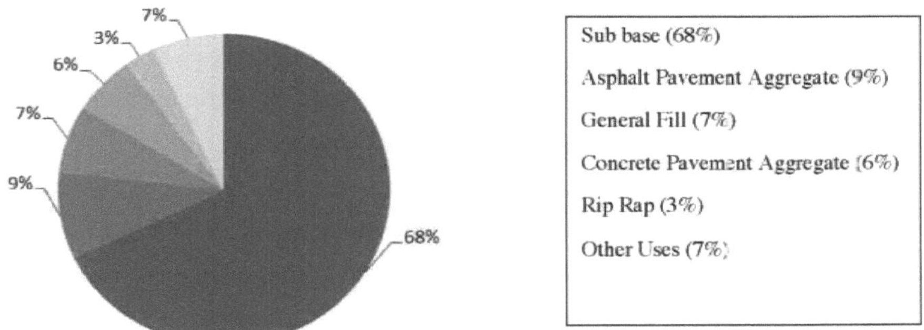

Fig. (2-8): Utilizações do agregado de betão reciclado [23].

2-4-2 Rip-Rap ou revestimento de rocha

A rocha bem graduada tem sido tradicionalmente utilizada em aplicações de enrocamento ou revestimento. O RCA deve demonstrar requisitos de qualidade satisfatórios, tais como boa resistência ao rolamento, durabilidade, angularidade e deve estar relativamente livre de substâncias estranhas. Os materiais adequados para estas aplicações são normalmente de maiores dimensões (de 50 a 1000 mm). Normalmente, os RCA devem apresentar as suas caraterísticas de capacidade de suporte e durabilidade originais (aplicação antiga de betão), satisfazendo assim os critérios de desempenho desta aplicação. Para além disso, os RCA, devido à sua antiga componente de argamassa, podem até apresentar uma maior angularidade, contribuindo para o seu comportamento de interbloqueio.

2-4-3 Estabilização do solo

Trata-se da incorporação de agregado reciclado, cal ou cinzas volantes em material de qualidade marginal utilizado para melhorar a capacidade de carga desse material.

O processo altera a suscetibilidade à água do subleito, estabilizando o solo/subleito.

2-4-4 Camada de tubagem

O betão reciclado pode servir como um leito estável ou uma fundação firme para a colocação de serviços públicos subterrâneos. Neste cenário, o agregado de betão reciclado serve como substituto do agregado virgem. Originalmente, os municípios locais desenvolviam especificações com base no que estava disponível na área. Esta utilização de agregado de betão reciclado só é económica se houver uma poupança nos custos de produção e de transporte.

2-4-5 Blocos de betão

Os blocos de betão são fabricados misturando cimento, areia e outros agregados com uma pequena quantidade de água e depois soprando toda a mistura em moldes. Os materiais reciclados, como o betão triturado e os subprodutos de outros processos industriais, como as escórias de alto-forno, podem ser utilizados para uma parte do agregado do bloco. O bloco de betão tem a vantagem de produzir poucos resíduos. Qualquer bloco não utilizado pode ser reciclado ou guardado para projectos futuros, em vez de ser eliminado.

2-4-6 Materiais paisagísticos

O betão reciclado pode ser utilizado em vários contextos paisagísticos. O entulho de betão dimensionado pode servir de elemento paisagístico: um suporte atraente que oferece uma textura e cor arquitectónicas diferentes, contribuindo simultaneamente para programas de construção ecológica.

2-5 APLICAÇÕES ESTRUTURAIS DE AGREGADOS DE BETÃO RECICLADO

Os ensaios relativos à utilização de betão com RCA apresentados em diferentes países centraram-se nas propriedades dos materiais. Muito poucos ensaios em série foram realizados em elementos estruturais de betão armado com RAC para serem comparados com elementos semelhantes com betão de agregado natural "NAC". Tais ensaios são necessários porque é difícil prever a influência das diferenças em propriedades particulares no comportamento global de elementos de betão armado feitos de várias misturas de betão com agregados reciclados.

2-5-1 Comportamento ao cisalhamento

[18] verificou que em vigas de betão armado com uma pequena quantidade de estribo (0,37%), o betão com agregado reciclado (15% e 30%) apresentou uma ligeira diminuição da resistência ao corte. Com o objetivo de estudar a influência da percentagem de agregado reciclado no comportamento estrutural de vigas de betão armado, [19], estudou o comportamento ao corte e a resistência de doze provetes de vigas. Todas as vigas tinham a mesma resistência à compressão e armadura de flexão (2032 + 1016). Quatro misturas de betão com diferentes percentagens de agregados reciclados (0%, 25%, 50% e 100%) e três disposições diferentes de armaduras transversais (0, 0 6/130mm e 0 6/170mm) foram moldadas e ensaiadas até à rotura.

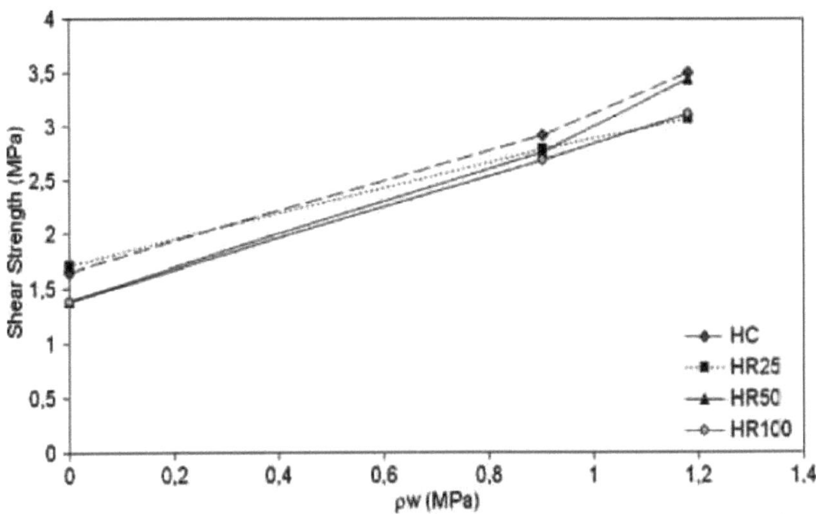

Fig. (2-9) Influência de diferentes quantidades de armadura transversal em todos os tipos de betão [19]
Os resultados dos ensaios permitiram chegar às seguintes conclusões:

- Para vigas sem armadura de cisalhamento, o uso de RCA reduziu a carga de fissuração.

- Para vigas com armadura de cisalhamento, a influência da quantidade de RCA no cisalhamento último é muito pequena, ver figura (2-9).

[21] Realizaram ensaios com duas misturas de betão (betão convencional e betão reciclado com 50% de agregados grossos reciclados). Para cada betão, foram feitas quatro vigas reforçadas com diferentes quantidades de armadura transversal, que foram ensaiadas até à rotura. Os resultados mostraram que as deformações e as cargas finais foram pouco afectadas pelos diferentes tipos de betão. Nas vigas de betão reciclado, observaram-se fissuras prematuras e fissuras de fratura notáveis ao longo da armadura de tração. Ambas podem ser

controladas através da introdução de limites mais rigorosos no espaçamento mínimo entre estribos. Os resultados experimentais foram comparados com os modelos teóricos da Teoria do Campo de Compressão Modificada e com as normas actuais. Todas as normas estudadas foram

conservador e, subsequentemente, pode ser utilizado para o dimensionamento do corte de vigas de betão reciclado.

Vinte vigas de betão armado foram ensaiadas por Sogo et al. [20]. As vigas ensaiadas foram preparadas com agregados finos e grossos reciclados, bem como com agregados provenientes do local. Os principais factores são a combinação de agregados, rácios água/cimento (0,3, 0,45, 0,6 e 0,55), profundidade efectiva (160 e 335 mm), utilização de aditivo expansivo e rácio de armadura transversal (0, 0,26% e 0,53%).

Os resultados experimentais indicam que as vigas que utilizam betão com agregados reciclados apresentam os mesmos padrões de fendilhação e modo de rotura que as vigas normais. A resistência ao cisalhamento das vigas com apenas agregado reciclado sem estribos diminui 20% e o código de projeto empírico sobrestima a resistência ao cisalhamento do betão com agregado reciclado. Pelo contrário, a resistência ao cisalhamento das vigas com apenas agregado grosso reciclado e com estribo é quase igual à das vigas com agregados naturais. A redução do rácio água-cimento aumenta a resistência ao cisalhamento em 25% no caso de W/C= 0,3 e em 10% no caso de W/C= 0,45 em comparação com W/C= 0,6. O aditivo expansivo melhora a resistência ao cisalhamento em 10% em qualquer tipo de agregado.

Com base nos estudos acima referidos, conclui-se que os agregados reciclados podem ser aplicados ao betão estrutural do ponto de vista mecânico, embora a deformação deva ser controlada.

Capítulo 3
TRABALHO EXPERIMENTAL

3-1 GERAL

Foram realizados muitos trabalhos experimentais em todo o mundo para investigar a reciclagem de resíduos de betão. Os estudos anteriores incidiram principalmente no processamento do betão demolido, na conceção da proporção da mistura, nas propriedades mecânicas, nos aspectos de durabilidade e nos melhoramentos. Recentemente, foi também analisado o aspeto do desempenho estrutural da utilização de betão com agregados reciclados. Na investigação aqui apresentada, foi desenvolvido o comportamento ao corte de vigas de betão armado moldadas com agregado grosso reciclado. Foram moldadas dezasseis vigas para investigar o efeito das proporções de betão com agregado reciclado (0%, 25%, 50% e 75%), as proporções de vão em relação à profundidade (1, 1,5 e 2), o efeito da abertura de condutas rectangulares em diferentes locais das vigas e diferentes técnicas de reforço e reforço no comportamento ao corte em torno das aberturas.

3-2 CARACTERÍSTICAS DOS MATERIAIS UTILIZADOS

Os materiais utilizados neste trabalho são cimento Portland comum, água potável da torneira, areia natural, cascalho natural e agregados grosseiros de betão reciclado. Os ensaios para determinar as propriedades destes materiais foram efectuados de acordo com as especificações padrão egípcias (ESS) ou as normas ASTM.

Cimento 3-2-1

O cimento utilizado neste estudo foi o CEM I 42,5 N. Os ensaios do cimento foram efectuados de acordo com as Especificações Normalizadas Egípcias (ESS) 2421/2005 [16]. O cimento utilizado está em conformidade com as Especificações Normalizadas Egípcias (ESS) 4756-1/2007

[17]. As propriedades mecânicas e físicas e a análise química do cimento utilizado são apresentadas nas tabelas (3-1) e (3-2), respetivamente.

Tabela (3-1): Propriedades mecânicas e físicas do cimento

Imóveis		Resultados	Especificações Limites*
Resistência à compressão da argamassa padrão (MPa)	2 dias	21.4	Não menos de 10
	28 dias	47.7	Não inferior a 42,50 Não superior a 62,5
Solidez (La Chatelier) (mm)		1	Não mais de 10
Tempo de regulação (min)	Inicial	135	Não menos de 60
	Final	180	------------

Tabela (3-2): Propriedades químicas do cimento

Imóveis	Resultados
Óxido de sílica SiO2	21.0
Óxido de alumínio Al2O3	6.10
Óxido férrico Fe2O3	3.00
Óxido de cálcio CaO	61.5
Óxido de magnésio MgO	3.8
Óxido de enxofre SO3	2.5
Óxido de sódio Na2O	0.4
Óxido de potássio K2O	0.3
Perda na ignição (L.O.I)	1.6
Resíduo insolúvel	0.9

3-2-2 Água

Em todas as misturas foi utilizada água potável limpa da torneira.

3-2-3 Aço de reforço

Como armadura de tração longitudinal foram utilizadas barras de aço deformadas de alta qualidade com 12 mm de diâmetro e com uma tensão de cedência de 560 N/mm^2. Os estribos utilizados foram barras de aço macio de 6 mm de diâmetro e com uma tensão de cedência de 320 N/mm^2. Os estribos de suspensão utilizados foram barras de aço macio de 8 mm de diâmetro e com uma resistência de 305 N/mm^2. As barras de aço foram ensaiadas de acordo com a norma ESS 76/2001 [12]. As propriedades mecânicas do aço estão em conformidade com a norma ESS 262/2000 [13], conforme indicado nas tabelas (3-3), (3-4) e (3-5).

Tabela (3-3): Propriedades mecânicas de barras de aço de 12 mm

Imóveis	Resultados	Especificações Limites*
Tensão de cedência (N/mm)^2	560	**Não menos de 400**
Tensão última (N/mm)^2	670	**Não menos de 600**
Peso por metro de comprimento	0.891	**De 0,845 a 0,934**
Tensão final/ Tensão de cedência	1.2	**Não inferior a 1,05**
Alongamento %	12.6	**Não menos de 10**

*Limites do ESS 262/2000[13]

Tabela (3-4): Propriedades mecânicas de barras de aço de 8 mm

Imóveis	Resultados	Especificações Limites*
Tensão de cedência (N/mm $)^2$	305	Não menos de 240
Tensão última (N/mm $)^2$	455	Não menos de 350
Peso por metro de comprimento	0.389	De 0,364 para 0,427
Tensão final/ Tensão de cedência	1.49	Não inferior a 1,1
Alongamento %	31.0	Não menos de 20

*Limites do ESS 262/2000[13]

Tabela (3-5): Propriedades mecânicas de barras de aço de 6 mm

Imóveis	Resultados	Especificações Limites*
Tensão de cedência (N/mm $)^2$	320	Não menos de 240
Tensão última (N/mm $)^2$	475	Não menos de 350
Peso por metro de comprimento	0.218	De 0,205 a 0,240
Tensão final/ Tensão de cedência	1.48	Não inferior a 1,1
Alongamento %	21.0	Não menos de 20

*Limites do ESS 262/2000[13]

3-2-4 Agregado fino

A areia natural composta por materiais siliciosos foi utilizada como agregado fino (AF) nesta investigação. O ensaio da areia foi efectuado de acordo com a norma ESS 1109/2002 [14]. A tabela (3-6) apresenta as propriedades físicas da areia. A classificação da areia é apresentada na tabela (3-7) e na figura (3-1).

Tabela (3-6): Propriedades físicas do agregado fino

Imóveis	Resultados	Limites*
Peso específico	2.63	....
Densidade a granel (t/m $)^3$	1.78	....
Teor de argila e de poeiras finas (% em volume)	1.4	Não mais de 4

*Limites do ESS 1109/2002[14]

Tabela (3-7): Classificação do agregado fino

Tamanho do crivo (mm)	10	5	2.36	1.18	0.6	0.3	0.15
Passagem %	100	97.2	89.5	72.1	38.9	10.3	3.2

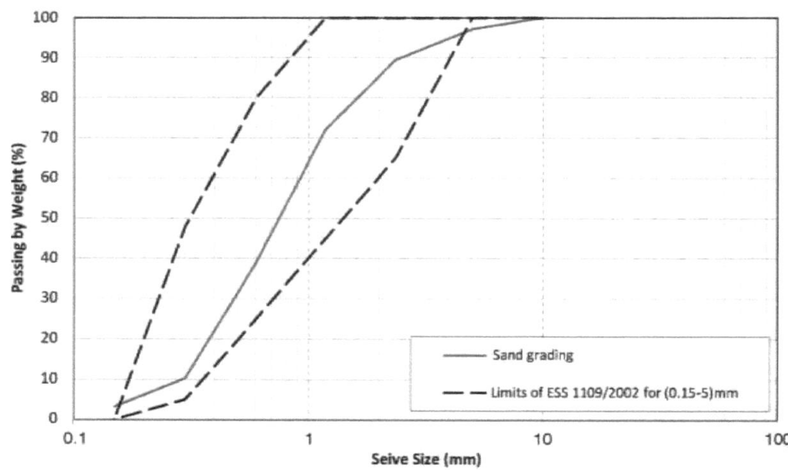

Fig. (3-1): Classificação do agregado fino

3-2-5 Agregado grosso

Nesta investigação, foram utilizados tanto o agregado grosseiro natural (NCA) como o agregado grosseiro reciclado (RCA).

3-2-5-1 Agregado grosso natural

Nesta investigação, foi utilizada gravilha natural. O ensaio do agregado grosso natural (NCA) foi efectuado de acordo com a norma ESS 1109/2002 [14]. As propriedades mecânicas e físicas do NCA estão em conformidade com a ESS 1109/2002 [14] e com o Código Egípcio ECCS203-2007 [10].

As caraterísticas físicas, mecânicas e químicas do NCA são apresentadas nos quadros (3-8) e (3-9). A classificação do NCA é apresentada no quadro (3-10) e na figura (3-2).

Tabela (3-8): Propriedades físicas e mecânicas de grossos naturais

Imóveis	Resultados	Limites*
Peso específico	2.61	
Densidade a granel (t/m)^3	1.56	....
Absorção de água %	2.05	Não superior a 2,5**
Teor de argila e de poeiras finas %.	2.4	Não mais de 4*
Índice de escamação %	36.8	Não superior a 40*
Índice de alongamento %	9.6	Não superior a 25*
Índice de Abrasão %	17.8	Não superior a 30*
Impacto Valor %	12.60	Não superior a 45*

*Limites do ESS 1109/2002[14]
**Limites do ECCS203-2007 [10]

Tabela (3-9): Propriedades químicas do agregado grosso natural

Composto	Teor de óxidos (%)
Óxido de sílica SiO2	55.57
Óxido de alumínio Al2O3	0.77
Óxido férrico Fe2O3	0.37
Óxido de cálcio CaO	13.33
Óxido de magnésio MgO	9.59
Óxido de sódio Na2O	0.14
Óxido de potássio K2O	0.09
Óxido de titânio Ti O_2	0.01
Óxido de fósforo P2O2	0.01
Perda na ignição (L.O.I)	19.48

Tabela (3-10): Classificação do agregado grosso natural

Tamanho do peneiro (mm)	50	37.5	20	14	10	5
Passagem %	100	100	100	100	78.3	6.26

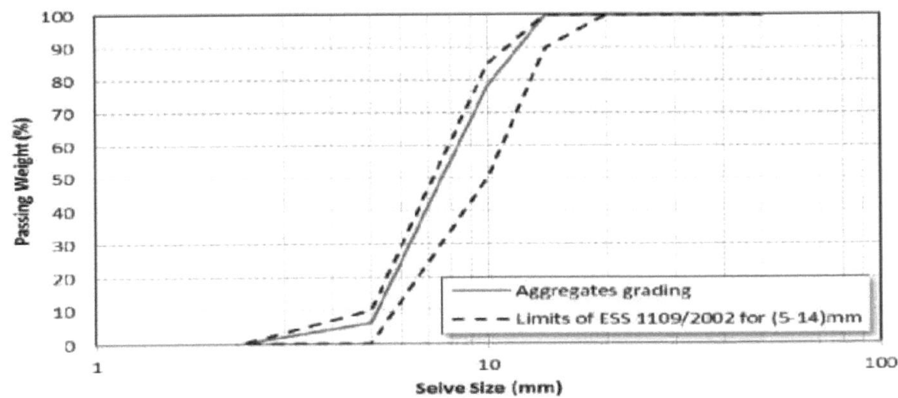

Fig. (3-2): Classificação do agregado grosso natural

3-2-5-2 Agregados grosseiros reciclados

Os agregados grossos reciclados utilizados nesta investigação foram produzidos através da trituração de elementos de betão antigos que foram utilizados em ensaios laboratoriais anteriores (fig. 3-3). O betão triturado foi peneirado utilizando c método de análise granulométrica. O agregado reciclado grosso (RCA) produzido tem a seguinte dimensão de fração, 14/20 mm.

Os ensaios (RCA) foram efectuados de acordo com a norma ESS 1109/2002 [14]. As propriedades físicas, mecânicas e químicas do RCA são apresentadas nas Tabelas (3-11 e (3-12). Observou-se que a densidade, a taxa de absorção de água e a abrasão Los Angele foram as propriedades que apresentaram as maiores diferenças em comparação com o agregado natural. Este facto pode ser atribuído à argamassa aderente, tal como referido por muitos outros investigadores [11, 18 e 22].

Fig. (3-3): Os agregados grossos reciclados em laboratório.

Tabela (3-11): Propriedades físicas e mecânicas do material grosso reciclado

Imóveis	Resultados	Limites
Peso específico	2.38	....
Densidade a granel $(t/m)^3$	1.4	....
Absorção de água %	2.3	Não mais de 2,5**
Teor de argila e poeiras finas	0.33	Não mais de 4*
Índice de Abrasão %	29.3	Não superior a 30*
Impacto Valor %	---	Não superior a 45*

*Limites do ESS 1109/2002 [14]
**Limites do CECS (203-2007)

Tabela (3-12): Propriedades químicas do agregado grosso reciclado

Composto	Teor de óxidos (%)
Óxido de sílica SiO2	65.03
Óxido de alumínio Al2O3	0.87
Óxido férrico Fe2O3	0.6
Óxido de cálcio CaO	12.31
Óxido de magnésio MgO	5.28
Óxido de sódio Na2O	0.09
Óxido de potássio K2O	0.89
Óxido de titânio Ti O2	0.02
Óxido de fósforo P2O2	0.01
Perda na ignição (L.O.I)	14.33

3-3 MISTURAS DE BETÃO

3-3-1 Misturas preliminares de betão

Foram concebidas quatro misturas de betão utilizando o método empírico. Todas as misturas têm uma relação entre agregados finos e agregados grossos de (0,4:0,8). A relação água/cimento foi de 0,5 para um teor de cimento de 350 Kg/m³ . Como se pode ver na tabela (3-13) as misturas foram designadas na forma (M-%RCA-C) onde:

M, refere-se à mistura.

%RCA, refere-se à percentagem de substituição dos agregados grosseiros por agregados reciclados.

C, refere-se ao teor de cimento (Kg/m³).

Tabela (3-13): Razões de proporção do projeto de mistura

Designação	W/C	C (Kg/m^3)	W (Kg)	FA (Kg)	CA (Kg)	
					NCA	RCA
M1 (M-0%-350)	0.5	350	175	680	1360	-
M2 (M-25%-350)	0.5	350	175	680	1020	340
M3 (M-50%-350)	0.5	350	175	680	680	680
M4 (M-75%-350)	0.5	350	175	680	340	1020

W/C; Relação água/cimento
FA; Agregados finos (areia)
CA; Agregados grosseiros
NCA; Agregados grosseiros naturais
RCA; Agregados grosseiros reciclados

3-3-2 Procedimento de mistura

Devido à elevada absorção do RCA, este deve ser humedecido antes da sua utilização no betão. Se o RCA não estiver húmido, absorverá água da pasta, perdendo assim a sua trabalhabilidade no betão fresco e também o controlo da relação a/c efectiva na pasta [20]. Nesta investigação, os agregados reciclados foram humedecidos no dia anterior à sua utilização e cobertos com uma folha de plástico para manter a sua humidade.

A mistura foi efectuada num pequeno tambor rotativo. No primeiro passo da mistura, os agregados finos e grossos foram misturados a seco durante 30 segundos. O segundo passo consistiu na adição do cimento e numa nova mistura a seco dos materiais durante 30 segundos. O terceiro passo consistiu na adição de água à mistura de cimento e agregados e na mistura durante 2 minutos antes de a máquina de mistura ser parada.

3-3-3 Misturas de betão selecionadas

As misturas de betão (M1, M2, M3 e M4) foram escolhidas para apresentar betões com rácios de RCA de 0%, 25%, 50% e 75%. Estas quatro misturas foram utilizadas na moldagem dos provetes de vigas reforçadas.

3-3-4 Ensaios de misturas de betão

Foram realizados ensaios de resistência à compressão e de abatimento para misturas preliminares de betão, a fim de selecionar três misturas a utilizar nos provetes de vigas reforçadas, tendo em conta a resistência à compressão e os aspectos económicos. Para avaliar as caraterísticas das misturas selecionadas, foram realizados ensaios de betão fresco e endurecido. Os ensaios de abatimento foram realizados no estado fresco do betão. No estado de betão endurecido, foi realizado o ensaio de resistência à compressão.

3-3-4-1 Ensaio de betão fresco

• *Ensaio de abatimento:* O ensaio de abatimento foi efectuado de acordo com a norma ESS 1658/2006 [15].

3-3-4-2 Ensaios de betão endurecido:

•   ***Resistência à compressão:*** O ensaio de resistência à compressão foi efectuado de acordo com a norma ESS 1658/2006 [15]. Foram ensaiados provetes em cubos (150x150x150 mm) para avaliar a resistência à compressão do betão nas idades de ensaio de 7 e 28 dias.

3-4 ELEMENTOS ESTRUTURAIS

O principal objetivo desta fase é avaliar o comportamento estrutural de vigas de betão armado simplesmente apoiadas feitas de betão de agregados reciclados

(RAC), com diferentes proporções de RCA, em comparação com vigas feitas de betão com agregados naturais (NAC).

3-4-1 Descrição dos provetes de ensaio

O trabalho experimental nesta fase consistiu em dezasseis vigas com as mesmas dimensões, armaduras longitudinais e transversais. Todos os provetes foram concebidos para sofrerem rotura por corte, garantindo que a resistência teórica à flexão é consideravelmente superior à carga de corte experimental prevista. Os provetes testados têm a mesma composição de mistura de betão, mas com diferentes percentagens de substituição de RCA (0, 25, 50 e 75%). Os sistemas de carga foram os mesmos em todos os provetes, mas com um vão de corte variável. Todos os provetes tinham uma secção transversal retangular com 150 mm de largura e 350 mm de espessura, um comprimento total de 2250 mm e eram simplesmente apoiados com um comprimento de vão de 2000 mm, como se mostra nas Fig. (3-3) e (3-4). A armadura longitudinal inferior e superior de todos os provetes era de 3012 e 208, respetivamente. Todos os provetes tinham a mesma armadura transversal de 506/m.

Os espécimes testados foram divididos em quatro grupos (G1 a G4), dependendo dos parâmetros estudados. O primeiro grupo foi concebido para estudar o efeito de diferentes percentagens de substituição de RCA, enquanto o segundo grupo foi concebido para estudar o efeito do vão de corte. O terceiro e o quarto grupos foram concebidos para estudar o efeito da localização da abertura e da configuração do reforço à volta da abertura, respetivamente. Os pormenores dos espécimes ensaiados para os quartos grupos são apresentados na Fig. (3-5).

Os espécimes foram equipados com uma variedade de sensores para medir as tensões, as deformações, a carga e o curso da máquina de ensaio. A deformação do betão foi medida utilizando duas sondas horizontais que foram fixadas horizontalmente à superfície do betão com um comprimento de sonda de 200 mm. As sondas estavam localizadas ao nível das armaduras de tração e de compressão a meio do vão (entre os dois apoios). Cinco transdutores lineares de distância variável, LVDT's, com curso de 100 mm, foram fixados verticalmente a igual distância através do vão interior (entre os dois apoios) à superfície inferior da viga para medir e monitorizar a deflexão na viga. A deformação do aço foi medida utilizando um extensómetro de resistência eléctrica fixado às barras de aço longitudinais inferiores e aos estribos antes da aplicação do betão. No ponto de aplicação da carga, uma célula de carga de compressão de 1000 kn monitorizou a carga aplicada. Um sistema de aquisição de dados ligado a um computador pessoal registou todas as leituras dos instrumentos. A formação e a propagação de fissuras em diferentes locais foram também marcadas e registadas.

3-4-2 Configuração das vigas ensaiadas e procedimento de ensaio

Todas as vigas foram ensaiadas até à rotura sob uma carga estática monotónica crescente, utilizando um atuador hidráulico de 1000 kn de capacidade para medir a sua capacidade de carga máxima. As vigas foram posicionadas sob o atuador, que foi montado numa estrutura de reação em aço. O atuador hidráulico, a célula de carga e o LVDT vertical de controlo foram posicionados a meio do vão. Foram utilizados três tipos de carga diferentes de acordo com os parâmetros estudados. Foi utilizada uma viga de aço muito rígida e almofadas de neoprene para distribuir a carga na superfície superior da viga. Os provetes de ensaio eram vigas simplesmente apoiadas com 2000 mm de vão. As vigas foram ensaiadas com uma carga monotónica crescente (duas cargas pontuais) até à rotura completa. A localização dos pontos de carga foi variável, dependendo do vão de corte de cada grupo. Após cada incremento de carga, as leituras de deformação, as deflexões e a carga foram registadas e quaisquer fissuras visíveis foram marcadas. As cargas foram controladas por um servo controlador e medidas com uma célula de carga.

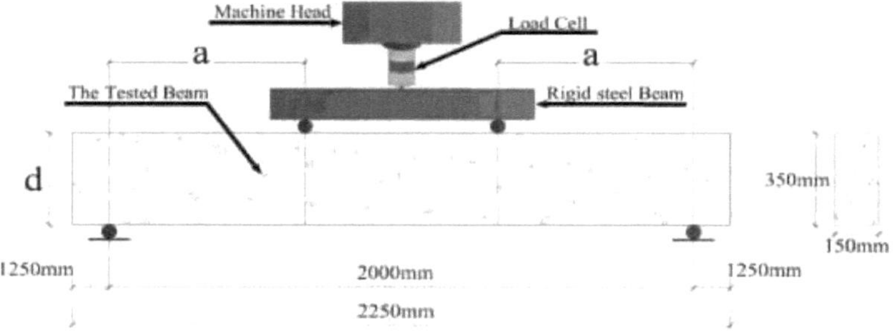

Fig (3-4): Configuração do teste

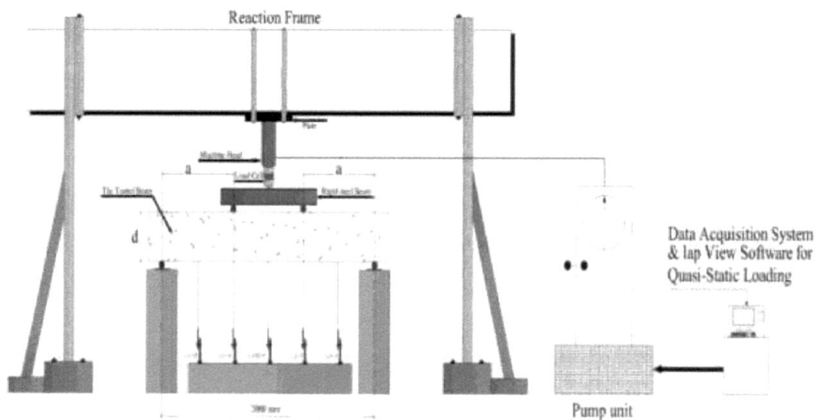

Fig (3-5): Esquema do procedimento de ensaio

Fig (3-6): Esquema do procedimento de ensaio em laboratório.

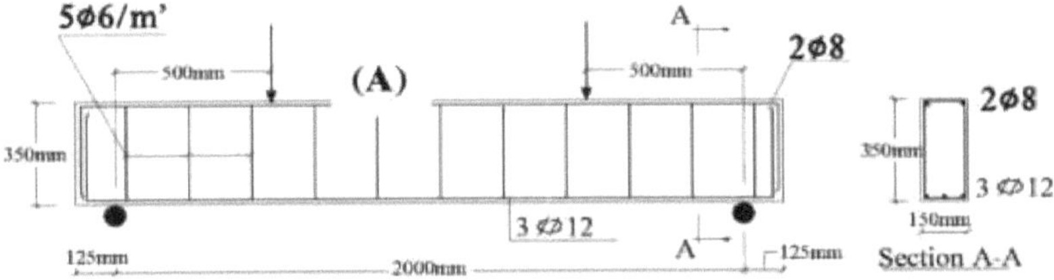

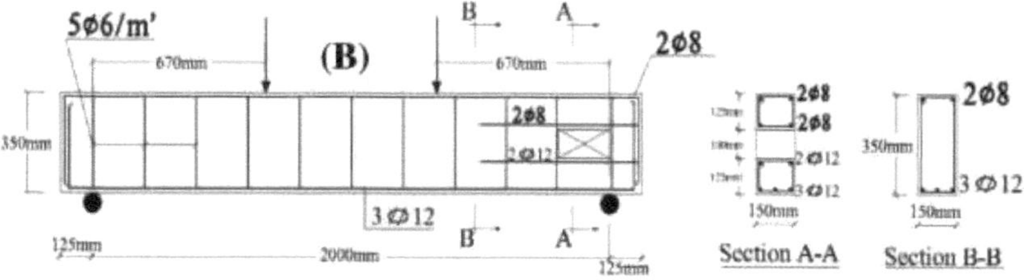

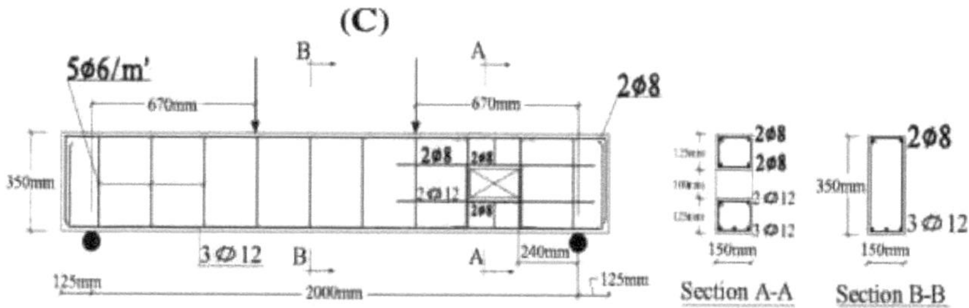

Fig. (3-7): Detalhes dos provetes ensaiados: (A) Vigas sem abertura, (B) Vigas com abertura, (C) Vigas com diferentes detalhes de reforço e abertura.

Fig. (3-8): Detalhes dos espécimes testados em laboratório.

Capítulo 4
ENSAIOS DE MISTURAS DE BETÃO
4-1 GERAL

Este capítulo apresenta os resultados, a análise e a discussão da primeira fase deste estudo, que diz respeito aos ensaios das misturas de betão em duas etapas:

Na primeira fase discute-se o efeito de proporções de agregados reciclados de betão (0%, 25%, 50% e 75%) com um teor de cimento de 350 Kg/m^3 e diferentes granulometrias de agregados reciclados de betão na trabalhabilidade e na resistência à compressão de quatro misturas preliminares de betão com agregados reciclados.

Com base nos resultados da resistência à compressão das misturas preliminares, foram escolhidas quatro misturas para serem utilizadas nas vigas de betão armado. A segunda etapa desta fase apresenta e avalia as propriedades mecânicas das misturas selecionadas (resistência à compressão, resistência à tração por compressão e módulo de elasticidade estático).

4-2 RESULTADOS DOS ENSAIOS DAS MISTURAS PRELIMINARES DE BETÃO

As propriedades das misturas preliminares de betão estudadas nesta fase são o abatimento e a resistência à compressão. Os resultados das quatro misturas de betão proporcionadas são os mencionados na tabela (4-1).

A resistência à compressão nas idades de 7 dias e 28 dias das misturas com teor de cimento de 350Kg/m^3 é apresentada na figura (4-1). Observou-se que, para a mistura NAC, o desenvolvimento da resistência à compressão da idade de 7 a 28 dias, (fcu /fcu$_{287}$) = 1,22, o que é compatível com os valores de referência do Código Egípcio ECCS. Por outro lado, o rácio fcu 28/fcu $_7$ das misturas de CRA variou entre 1,171 e 1,288, o que é ligeiramente inferior ao da mistura de CNA, como se mostra na figura (4-2) para 25, 50 e 75% de CRA.

Tabela (4-1): Propriedades das misturas preliminares de betão

Designação	Resistência à compressão 7 dias (N/mm)^2	Resistência à compressão 28 dias (N/mm2)	Deslizamento (mm)
Ml (M-0%-350)	32.4	39.8	100
M2 (M-25%-350)	35.3	44.3	95
M3 (M-50%-350)	38.2	49.2	90
M4 (M-75%-350)	35.1	41.1	106

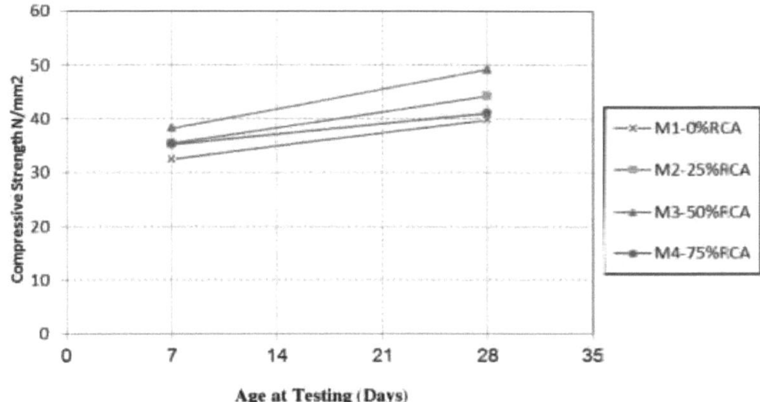

Fig. (4-1): Resistência à compressão aos 7 e 28 dias para misturas com teor de cimento (350 Kg/m)^3

4-2-1 Efeito do teor de cimento na resistência à compressão

Os resultados da resistência à compressão das misturas com RAC foram comparados com as misturas de controlo de contrapartida, ou seja, sem RCA.

Observou-se que as misturas contendo 25%, 50% e 75% de RCA apresentaram um aumento de resistência de 9%, 11% e 6%, respetivamente.

4-2-2 Efeito do rácio RCA na resistência à compressão

A substituição de agregados grossos naturais por 25% de RCA não tem um efeito importante na resistência à compressão.

A substituição de agregados grosseiros naturais por 75% de RCA tem uma resistência à compressão inferior à resistência à compressão da substituição de agregados grosseiros naturais por 50% de RCA.

[24] A substituição total dos agregados grossos por agregados de betão reciclado mostrou a maior diminuição da resistência à compressão.

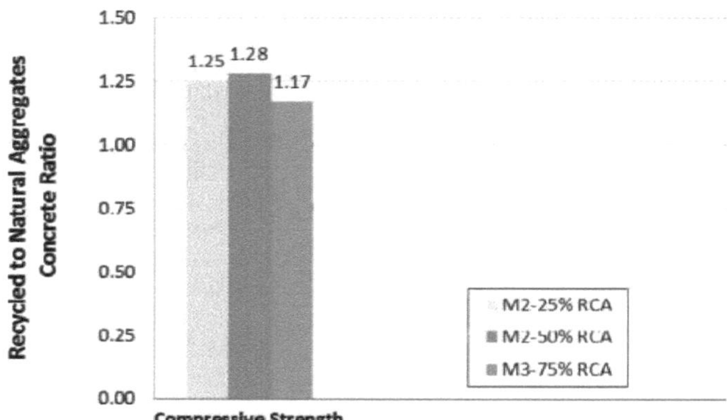

Fig. (4-2): Relação entre a resistência à compressão dos betões reciclados e do betão natural

4-3 RESULTADOS DOS ENSAIOS DE MISTURAS DE BETÃO SELECCIONADAS

Os resultados da resistência à compressão das misturas preliminares de betão mostraram que é possível produzir misturas de betão armado com uma resistência à compressão razoável (30-40 N/mm^2) utilizando um teor de cimento de 350 Kg/ m^3 e diferentes percentagens de agregados reciclados (0% e 50%).

Tendo em consideração as preocupações económicas quando se utiliza um baixo teor de cimento, as misturas escolhidas para serem utilizadas nos provetes de viga foram (M1 e M3). As duas misturas têm o mesmo teor de cimento de 350 Kg/ m^3 mas com diferentes percentagens de agregados reciclados (0% e 50%). A Tabela (4-2) mostra as propriedades mecânicas das misturas selecionadas.

Tabela (4-2): Propriedades das misturas de betão selecionadas

Imóveis	M1 (M-0%)	M3 (M-50%)
Trabalhabilidade Slump (mm)	100	90
Resistência à compressão f_{cu} (N/mm)^2	39.8	49.2

4-3-1 Resistência à compressão

Observou-se que a mistura com 50% de agregados reciclados apresenta um valor de resistência à compressão superior ao do betão com agregado natural.

4-3-2 Resistência à tração por rutura

A resistência à tração por fracionamento do betão com agregados reciclados foi superior à do betão com agregados naturais. Estes resultados estão de acordo com o trabalho efectuado por [20].

O aumento da resistência à compressão e à tração da mistura com agregados reciclados pode ser atribuído à capacidade de absorção da argamassa aderente presente no agregado reciclado (foram molhados com humidade elevada mas não saturados) e à eficácia da nova zona de transição interfacial do betão de agregados reciclados [23].

A textura rugosa dos agregados reciclados proporciona uma melhor ligação e interbloqueio entre a pasta de cimento e os próprios agregados reciclados, em comparação com os agregados naturais [20]. Uma ligação mais forte entre o cimento e o agregado grosso reciclado pode ser capaz de compensar, até certo ponto, o efeito negativo devido à utilização de um agregado mais fraco. [18]

4-3-3 Módulo de elasticidade

O módulo de elasticidade dos betões reciclados foi inferior ao módulo de elasticidade do betão de controlo. Diminuiu 8% para a mistura de betão com 50% de agregado reciclado. Observou-se que a redução é independente do grau de resistência do betão. Esta situação era esperada, porque os agregados reciclados são mais propensos à deformação do que os agregados naturais [20].

Capítulo 5
RESULTADOS E ANÁLISE DOS PROVETES ENSAIADOS
5-1 GERAL

O trabalho experimental nesta parte consistiu em dezasseis vigas ensaiadas até à rotura. Estas vigas foram divididas em quatro grupos (G1, G2, G3 e G4). Cada grupo era constituído por quatro vigas com as mesmas dimensões, armaduras longitudinais e transversais. Todos os espécimes foram concebidos para sofrerem uma falha no modo de corte, assegurando que a resistência teórica à flexão é consideravelmente mais elevada do que a carga de corte experimental esperada. Os provetes testados têm a mesma composição de mistura de betão, mas com diferentes percentagens de substituição de RCA (0, 25, 50 e 75%). Os sistemas de carga foram os mesmos em todos os provetes, mas com um vão de corte variável. Todos os provetes tinham uma secção transversal retangular com 150 mm de largura e 350 mm de espessura, um comprimento total de 2250 mm e eram simplesmente apoiados com um comprimento de vão de 2000 mm, como mostra a figura (3-3). Todos os provetes tinham a mesma armadura transversal de 506/m.

Os espécimes testados foram divididos em quatro grupos (G1 a G4), dependendo dos parâmetros estudados. <u>O primeiro grupo</u> foi concebido para estudar o efeito de diferentes percentagens de substituição de RCA. <u>O segundo grupo</u> foi concebido para estudar o efeito do vão de cisalhamento. <u>O terceiro e o quarto grupos</u> foram concebidos para estudar o efeito da localização da abertura e da configuração do reforço à volta da abertura, respetivamente. Os pormenores dos provetes ensaiados para os quartos grupos são ilustrados na tabela (5-1) e na figura (3-7).

Este capítulo apresenta os resultados dos ensaios das dezasseis vigas, que incluem o comportamento à fendilhação, o modo de rotura, as relações carga-deformação, a carga última e as deformações no aço longitudinal, nos estribos e no betão. Além disso, foi efectuada uma análise dos resultados dos ensaios e será avaliado o efeito dos parâmetros.

5-2 PORMENORES DOS PROVETES ENSAIADOS

Todas as vigas tinham uma secção transversal retangular com 150 mm de largura e 350 mm de espessura, um comprimento total de 2250 mm e um comprimento de vão simplesmente apoiado de 2000 mm.

Como se mostra na tabela (5-1), todas as vigas foram reforçadas com três varões de aço de 12 mm de diâmetro como armadura inferior principal e dois varões de aço de 8 mm de diâmetro foram utilizados para todas as vigas como armadura superior. Foram utilizados estribos de barras de 6 mm de diâmetro espaçados a 200 mm ao longo do comprimento da viga como armadura de corte (μ_{st} =0,002).

O primeiro grupo G1 é constituído por quatro vigas B1, B2, B3 e B4. A relação entre o vão de corte e a profundidade (a/d) das quatro vigas é igual a 1,5. O RAC para B1 é igual a 0%, B2 é igual a 25%, B3 é igual a 50% e B4 é igual a 75%.

O segundo grupo G2 é constituído por quatro vigas B5, B6, B7 e B8. O rácio entre o vão de corte e a profundidade (a/d) para (B5 e B6) é igual a 1 e (B7 e B8) é igual a 2. O RAC para (B5 e B7) é igual a 0% e (B6 e B8) é igual a 50%.

O terceiro grupo G3 é constituído por quatro vigas B9, B10, B11 e B12. A relação entre o vão de corte e a profundidade (a/d) para estas quatro vigas é igual a 2. O RAC para (B9 e B11) é igual a 0% e (B10 e B12) é igual a 50%. A abertura retangular da conduta para (B9 e B10) a 0 mm do apoio direito da viga e reforçada com duas barras de aço de 12 mm de diâmetro como fundo da abertura da conduta e duas barras de aço de 8 mm de diâmetro são utilizadas para vigas como topo da abertura da conduta e a abertura retangular da conduta para (B11 e B12) a 470 mm do apoio direito da viga e a mesma armadura à volta da abertura.

O quarto grupo G4 é constituído por quatro vigas B13, B14, B15 e B16. A relação entre o vão de corte e a profundidade (a/d) para estas quatro vigas é igual a 2. O RAC para (B13) é igual a 0% e (B14, B15 e B16) é igual a 50%.

A abertura da conduta retangular para (B13 e B14) a 240 mm do apoio direito da viga e reforçada com duas barras de aço de 12 mm de diâmetro como parte inferior da abertura da conduta e duas barras de aço de 8 mm de diâmetro são utilizadas para vigas como parte superior da abertura da conduta.

A abertura retangular da conduta (B15) a 240 mm do apoio direito da viga foi reforçada com dois varões de aço de 12 mm de diâmetro na parte inferior da abertura da conduta e dois varões de aço de 8 mm de diâmetro na parte superior da abertura da conduta e dois varões de aço de 8 mm de diâmetro à volta da abertura para reforço ao corte.

A abertura da conduta retangular para (B16) a 240 mm do apoio direito da viga e reforçada com uma secção em caixa de aço com 4 mm de espessura à volta da abertura da conduta para reforço ao corte.

Como se pode ver na tabela (5-1), os provetes foram designados na forma (RCA -a/d)

Onde: **%RCA**, refere-se ao rácio de substituição de agregados reciclados **a/d**, refere-se ao rácio de cisalhamento em profundidade.

a, Vão de corte   **& d,** Profundidade da viga
s, espaçamento transversal do aço   **& Aslong,** aço longitudinal
μ_s , Relação aço longitudinal (As_{long}/b.d) **& A_{st}** , Aço transversal
μ_{st} , Rácio de aço transversal (Ast/b.s)   **& x,** O espaçamento entre aberturas de condutas rectangulares
e o apoio correto.

Tabela (5-1): Detalhes dos espécimes testados

Grupo	Feixe	Designação	a (mm)	d (mm)	a/d	Abertura da conduta	
						Aslong	x (mm)
	B1	0% - 1.5	500	340	1.5	-	-
G1	B2	25% - 1.5	500	340	1.5	-	-
	B3	50% - 1.5	500	340	1.5	-	-
	B4	75% - 1.5	500	340	1.5	-	-
	B5	0% - 1	340	340	1	-	-
G2	B6	50% - 1	340	340	1	-	-
	B7	0% - 2	670	340	2	-	-
	B8	50% - 2	670	340	2	-	-
	B9	0% - 2	670	340	2	2012	0
G3	B10	50% - 2	670	340	2	2012	0
	B11	0% - 2	670	340	2	2012	470
	B12	50% - 2	670	340	2	2012	470
	B13	0% - 2	670	340	2	2012	240
G4	B14	50% - 2	670	340	2	2012	240
	B15	50% - 2	670	340	2	2012	240
	B16	50% - 2	670	340	2	Pl.4mm	240

5-3 RESULTADOS DOS ENSAIOS DOS PROVETES TESTADOS

A resistência à compressão do betão à data do ensaio (fcu), a carga de rotura (Pu), a carga de fendilhação aproximada (pcr), a deflexão à carga de rotura ($^\delta$ u), que é igual a metade da carga de rotura, são indicadas no quadro (5-2).

Tabela (5-2): Resumo dos resultados experimentais

Grupo	Feixe	Designação	f_{cu} (MPa)	p_{cr} (KN)	P_u(KN)	$\delta < \lambda_u$ (mm)
G1	B1	0% - 1.5	38.5	89	179	16
	B2	25% - 1.5	43.5	110	244	11
	B3	50% - 1.5	48	105	240	10
	B4	75% - 1.5	39.5	95	165	8.5
G2	B5	0% - 1	38	145	288	20
	B6	50% - 1	43.3	166	290	12
	B7	0% - 2	37	80	190	8.0
	B8	50% - 2	39	67	180	7.0
G3	B9	0% - 2	43	68	147	6.5
	B10	50% - 2	45.5	83	160	5.5
	B11	0% - 2	44	67	139	7.0
	B12	50% - 2	46	74	175	6.6
G4	B13	0% - 2	42	70	133	6.8
	B14	50% - 2	45	63	170	6.0
	B15	50% - 2	38.5	79	177	6.5
	B16	50% - 2	39.5	75	180	6.8

5-3-1 O primeiro grupo

O primeiro grupo era constituído por quatro vigas B1, B2, B3 e B4. As quatro vigas contêm 506/m de armadura transversal e foram ensaiadas com um vão de corte de 500 mm. A viga B1 não continha RCA, a B2 continha 25% de RCA, a B3 continha 50% de RCA e a B4 continha 75% de RCA.

Viga sem Agregados de Betão Reciclado (B1)

A cerca de 38,5 KN, formou-se uma fenda transversal primária a meio da altura da viga no vão de corte. A largura da fenda aumentou com o aumento da carga. A rotura por fragilidade ocorreu com a formação completa desta fenda.

A Figura (5-1) mostra a relação entre a carga aplicada e a deflexão a meio vão. A relação é quase linear. A carga máxima do provete foi de 179 KN e a correspondente deflexão a meio vão medida pelo LVDT foi de 16 mm.

Na carga máxima, a deformação medida nos varões de aço de reforço longitudinal foi de 0,0008 e a deformação transversal do betão foi de 0,002. Isto indica que os varões de aço à flexão não atingiram a tensão de cedência antes de o esmagamento do betão e a rotura por corte dominarem a rotura da viga. A deformação da armadura longitudinal de aço e a deformação transversal do betão de B1 em diferentes níveis de carga são apresentadas nas figuras (53) e (5-4), respetivamente. A forma de rotura e o padrão de fendas são apresentados na figura (5-5).

Viga com 25% de agregados de betão reciclado (B2)

A fenda transversal primária formou-se a meio da altura da viga no vão de corte a aproximadamente 43,5 KN. A fenda estendeu-se e a sua largura aumentou com o aumento da carga. Fissuras transversais adicionais formaram-se no vão de corte e aumentaram com a fissura transversal primária. A rotura frágil ocorreu pela formação completa da fenda primária e pelo esmagamento da zona de compressão no local do ponto de carga.

Como se mostra na figura (5-1), a carga última do provete foi de 244 KN com a correspondente deflexão a meio do vão de 11 mm.

Na carga máxima, a deformação medida nos varões de aço da armadura principal foi de 0,0016 e a deformação de compressão do betão foi de 0,0009 e a deformação transversal foi de 0,004. Isto indica que o corte domina o modo de rotura da viga. A deformação da armadura de aço longitudinal e a deformação transversal da viga B2 em diferentes níveis de carga são apresentadas nas figuras (5-3) e (5-4), respetivamente. A forma de rotura e o padrão de fendilhação da viga B2 são apresentados na figura (5-5).

Viga com 50% de agregados de betão reciclado (B3)

A fenda transversal primária formou-se a meio da altura da viga no vão de corte a cerca de 48 KN. A fenda estendeu-se e a sua largura aumentou com o aumento da carga. Fissuras transversais adicionais formaram-se no vão de corte e aumentaram com a fissura transversal primária. A rotura frágil ocorreu pela formação completa da fenda primária e pelo esmagamento da zona de compressão no local do ponto de carga.

Como se mostra na figura (5-1), a carga última do provete foi de 240 KN com uma deflexão a meio do vão correspondente de 10 mm.

Na carga máxima, como mostram as figuras (5-3) e (5-4), a deformação medida nos varões de aço da armadura principal foi de 0,0011 e a deformação transversal foi de 0,002. A forma de rotura e o padrão de fendilhação da viga B3 são apresentados na figura (5-5).

Viga com 75% de agregados de betão reciclado (B4)

A fenda transversal primária formou-se a meio da altura da viga no vão de corte a cerca de 39,5 KN. A fenda estendeu-se e a sua largura aumentou com o aumento da carga. Fissuras transversais adicionais formaram-se no vão de corte e aumentaram com a fissura transversal primária. A rotura frágil ocorreu pela formação completa da fenda primária e pelo esmagamento da zona de compressão no local do ponto de carga.

Como mostra a figura (5-1), a carga máxima do provete foi de 165 KN com uma deflexão correspondente a meio do vão de 8,5 mm.

Na carga máxima, como mostram as figuras (5-3) e (5-4), a deformação medida nos varões de aço da armadura principal foi de 0,0015 e a deformação transversal foi de 0,0004. A forma de rotura e o padrão de fendas da viga B4 são apresentados na figura (5-5).

5-3-1-1 Comportamento de fissuração e modo de falha

Observou-se que não há diferença notável no padrão de fissuração devido à utilização de agregados reciclados.

Os provetes apresentaram uma fissura de corte inicial a meio da altura da viga ensaiada dentro do vão de corte. À medida que a carga aplicada foi aumentada, esta fissura estendeu-se e alargou-se. Após a formação completa da fenda transversal, ocorreu a rotura frágil.

A largura da fenda transversal foi observada e registou-se uma maior capacidade de carga. Este facto é atribuído à presença de armaduras de cisalhamento, que restringem o crescimento das fissuras transversais e reduzem a sua penetração na zona de compressão;

e, consequentemente, aumenta a parte da força de corte resistida pela zona de compressão do betão. Além disso, a presença de estribos aumenta a ação das cavilhas. [23].

Para todas as vigas, uma vez que a fenda transversal primária se estendeu ao ponto de aplicação de carga e ao apoio ou perto do apoio, as vigas falharam e o corte domina o modo de falha de todos os espécimes de viga.

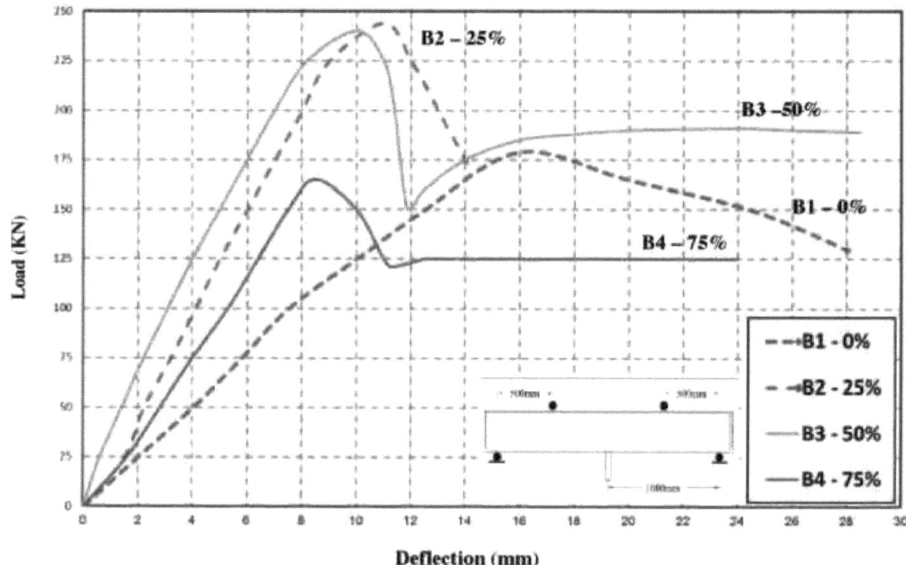

Fig. (5-1): Relação carga-deformação a meio do vão do Grupo-G1

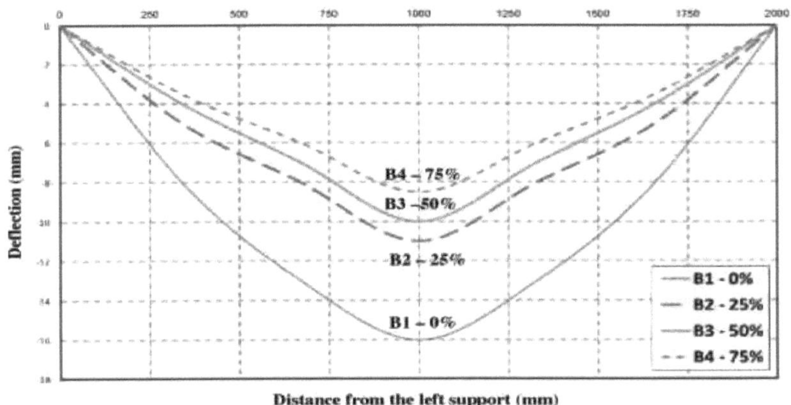

Fig. (5-2): Forma de deformação à carga máxima do Grupo-G1

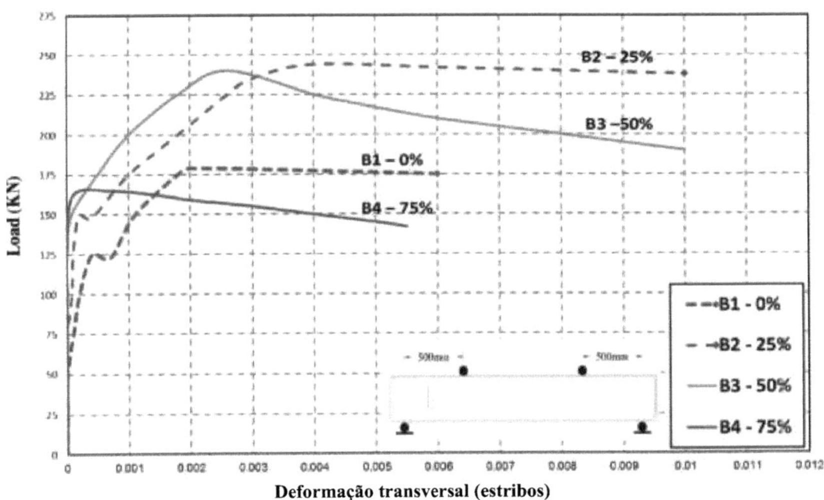

Fig. (5-3): Relação entre carga e deformação transversal do aço do Grupo-G1

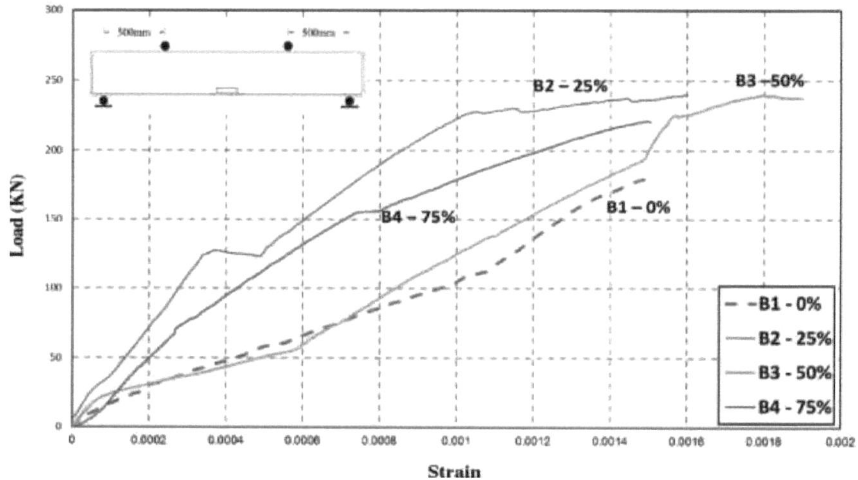

Fig. (5-4): Relação entre a carga e a deformação longitudinal do aço do Grupo-G1

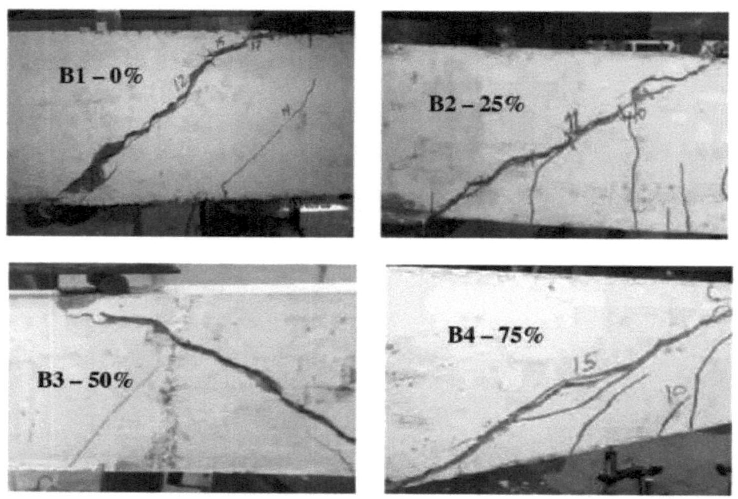

Fig. (5-5): Comportamento à fendilhação e forma de rotura dos
espécimes do Grupo-G1
(efeito do rácio RCA)

5-3-2 O segundo grupo

O segundo grupo era constituído por quatro vigas B5, B6, B7 e B8. As quatro vigas contêm 506/m de armadura transversal e foram ensaiadas com um vão de corte de 340 mm para (B5 e B6) e 670 mm para (B7 e B8). O rácio entre o vão de corte e a profundidade (a/d) das duas vigas (B5 e B6) é igual a 1 e 2 para (B7 e B8). As vigas (B5 e B7) não continham RCA e (B6 e B8) continham 50% de RCA.

Viga sem agregados de betão reciclado (B5)

A cerca de 38 KN, formou-se uma fenda transversal primária a meio da altura da viga no vão de corte. A largura da fenda aumentou com o aumento da carga. A rotura por fragilidade ocorreu com a formação completa desta fenda.

A figura (5-6) mostra a relação entre a carga aplicada e a deformação a meio vão. A relação é quase linear. A carga máxima do provete foi de 288 KN e a correspondente deflexão a meio do vão medida pelo LVDT foi de 20 mm.

Na carga máxima, a deformação medida nos varões de aço de reforço longitudinal foi de 0,00081 e a deformação transversal do betão foi de 0,002. Isto indica que os varões de aço à flexão não atingiram a tensão de cedência antes de o esmagamento do betão e a rotura por corte dominarem a rotura da viga. A deformação da armadura de aço longitudinal e a deformação transversal do betão da viga B5 em diferentes níveis de carga são apresentadas nas figuras (58) e (5-9), respetivamente. A forma de rotura e o padrão de fendas são apresentados na figura (5-10).

Viga com 50% de agregados de betão reciclado (B6)

A fissura transversal primária formou-se a meio da altura da viga no vão de corte a aproximadamente 43,3 KN. A fenda estendeu-se e a sua largura aumentou com o aumento da carga. Fissuras transversais adicionais formaram-se no vão de corte e aumentaram com a fissura transversal primária. A rotura frágil ocorreu pela formação completa da fenda primária e pelo esmagamento da zona de compressão no local do ponto de carga.

Como se mostra na figura (5-6), a carga máxima do provete foi de 290 KN com uma deflexão a meio do vão correspondente de 12 mm.

Na carga máxima, como mostram as figuras (5-8), a deformação medida nos varões de aço da armadura principal foi de 0,00085. A forma de rotura e o padrão de fendas da viga B6 são apresentados na figura (5-10).

Viga sem agregados de betão reciclado (B7)

A cerca de 37 KN, formou-se uma fenda transversal primária a meio da altura da viga no vão de corte. A largura da fenda aumentou com o aumento da carga. A rotura por fragilidade ocorreu com a formação completa desta fenda.

A figura (5-6) mostra a relação entre a carga aplicada e a deformação a meio vão. A relação é quase linear. A carga máxima do provete foi de 190 KN e a correspondente deflexão a meio vão medida pelo LVDT foi de 8,0 mm.

Na carga máxima, a deformação medida nos varões de aço de reforço longitudinal foi de 0,00088 e a deformação transversal do betão foi de 0,004. Isto indica que os varões de aço à flexão não atingiram a tensão de cedência antes de o esmagamento do betão e a rotura por corte dominarem a rotura da viga. A deformação da armadura longitudinal de aço e a deformação transversal do betão de B7 em diferentes níveis de carga são apresentadas nas figuras (58) e (5-9), respetivamente. A forma de rotura e o padrão de fendas são apresentados na figura (5-10).

Viga com 50% de agregados de betão reciclado (B8)

A fissura transversal primária formou-se a meio da altura da viga no vão de corte a aproximadamente 39 KN. A fenda estendeu-se e a sua largura aumentou com o aumento da carga. Fissuras transversais adicionais formaram-se no vão de corte e aumentaram com a fissura transversal primária. A rotura frágil ocorreu pela formação completa da fenda primária e pelo esmagamento da zona de compressão no local do ponto de carga.

Como se mostra na figura (5-6), a carga máxima do provete foi de 180 KN com uma deflexão a meio do vão correspondente de 7,0 mm.

Na carga máxima, como mostram as figuras (5-8), a deformação medida nos varões de aço da armadura principal foi de 0,0016. A forma de rotura e o padrão de fendas da viga B8 são apresentados na figura (5-10).

5-3-2-1 Comportamento de fissuração e modo de falha

Observou-se que não há diferença notável no padrão de fissuração devido à utilização de agregados reciclados.

Os provetes apresentaram uma fissura de corte inicial a meio da altura da viga ensaiada dentro do vão de corte. À medida que a carga aplicada foi aumentada, esta fissura estendeu-se e alargou-se. Após a formação completa da fenda transversal, ocorreu a rotura frágil.

A largura da fenda transversal foi observada e registou-se uma maior capacidade de carga.

Este facto é atribuído à presença de armaduras de cisalhamento, que restringem o crescimento das fissuras transversais e reduzem a sua penetração na zona de compressão;

e, consequentemente, aumenta a parte da força de corte resistida pela zona de compressão do betão. Além disso, a presença de estribos aumenta a ação das cavilhas. [23].

Para todas as vigas, uma vez que a fenda transversal primária se estendeu ao ponto de aplicação de carga e ao apoio ou perto do apoio, as vigas falharam e o corte domina o modo de falha de todos os espécimes de viga.

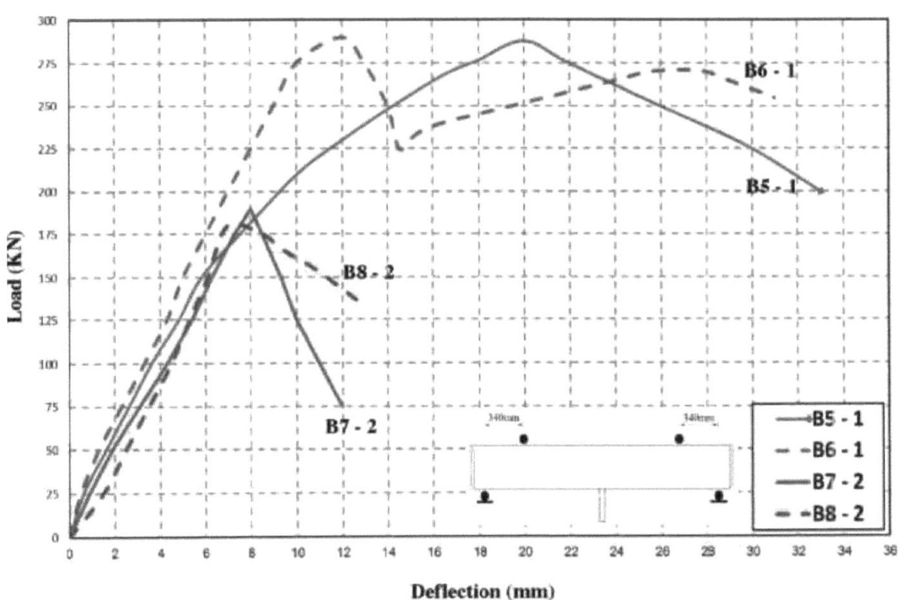

Fig. (5-6): Relação carga-deflexão a meio do vão do Grupo-G2

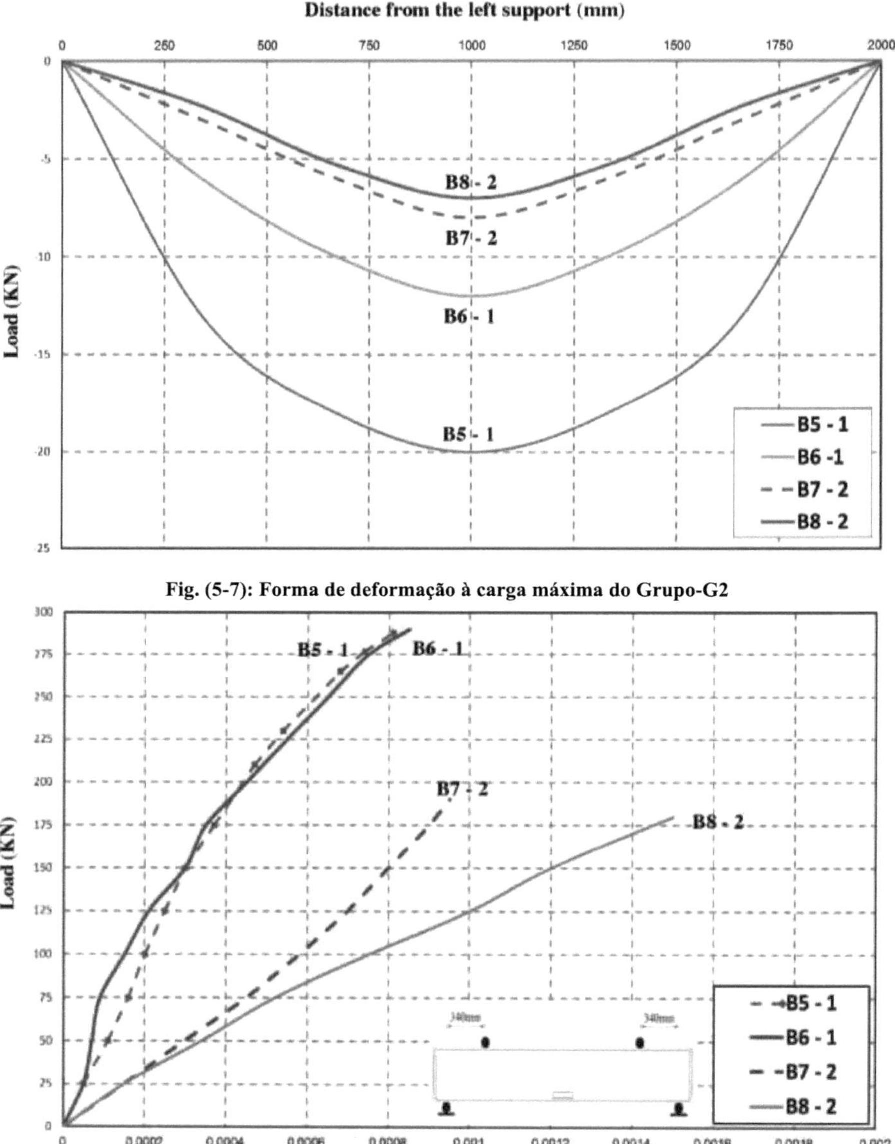

Fig. (5-7): Forma de deformação à carga máxima do Grupo-G2

Fig. (5-8): Relação entre a carga e a deformação longitudinal do aço do Grupo-G2

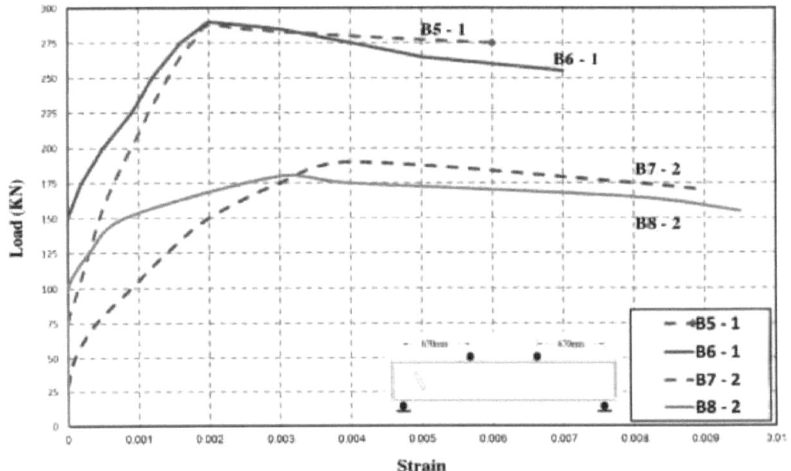

Fig. (5-9): Relação entre a carga e a deformação transversal do aço do Grupo-G2

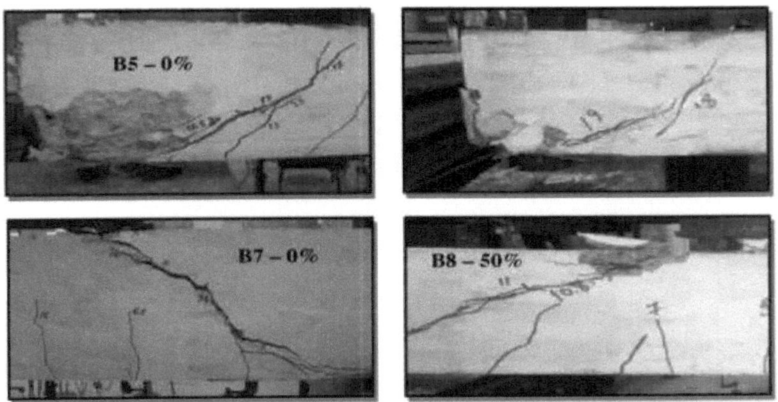

Fig. (5-10): Comportamento de fendilhação e forma de rotura do Grupo-G2
(efeito do vão de corte)

5-3-3 O terceiro grupo

O terceiro grupo é constituído por quatro vigas B9, B10, B11 e B12. As quatro vigas contêm uma armadura transversal de 506/m e foram ensaiadas com um vão de corte de 670 mm. A relação entre o vão de corte e a profundidade (a/d) das duas vigas é igual a 2. A abertura da conduta retangular está a 0 mm do apoio direito para as vigas (B9 e B10) e a 470 mm do apoio direito para as vigas (B11 e B12). As vigas (B9 e B11) não continham RCA e as vigas (B10 e B12) continham 50% de RCA.

Viga sem agregados de betão reciclado (B9)

A cerca de 43 KN, formou-se uma fenda transversal primária a meio da altura da viga no vão de corte. A largura da fenda aumentou com o aumento da carga. A rotura por fragilidade ocorreu com a formação completa desta fenda.

A Figura (5-11) mostra a relação entre a carga aplicada e a deflexão a meio vão. A relação é quase linear. A carga máxima do provete foi de 147 KN e a correspondente deflexão a meio vão medida pelo LVDT foi de 6,5 mm.

Na carga máxima, a deformação medida nos varões de aço de reforço longitudinal foi de 0,00089 e a deformação transversal do betão foi de 0,0025. Isto indica que os varões de aço à flexão não atingiram a tensão de cedência antes de o esmagamento do betão e a rotura por corte dominarem a rotura da viga. A deformação da armadura de aço longitudinal e a deformação do aço transversal da B9 em diferentes níveis de carga são apresentadas nas figuras (5-13) e (5-14), respetivamente. A forma de rotura e o padrão de fendas são apresentados na figura (5-15).

Viga com 50% de agregados de betão reciclado (B10)

A fissura transversal primária formou-se a meio da altura da viga no vão de corte a aproximadamente 45,5 KN. A fenda estendeu-se e a sua largura aumentou com o aumento da carga. Fissuras transversais adicionais formaram-se no vão de corte e aumentaram com a fissura transversal primária. A rotura frágil ocorreu pela formação completa da fenda primária e pelo esmagamento da zona de compressão no local do ponto de carga.

Como se mostra na figura (5-11), a carga máxima do provete foi de 160 KN com a correspondente deflexão a meio do vão de 5,5 mm.

Na carga máxima, como mostram as figuras (5-14), a deformação medida nos varões de aço da armadura principal foi de 0,001. A forma de rotura e o padrão de fendas da viga B10 são apresentados na figura (5-15).

Viga sem agregados de betão reciclado (B11)

A cerca de 44 KN, formou-se uma fenda transversal primária a meio da altura da viga no vão de corte. A largura da fenda aumentou com o aumento da carga. A rotura por fragilidade ocorreu com a formação completa desta fenda.

A Figura (5-11) mostra a relação entre a carga aplicada e a deflexão a meio vão. A relação é quase linear. A carga final do provete foi de 139 KN e a correspondente deflexão a meio vão medida pelo LVDT foi de 7,0 mm.

Na carga máxima, a deformação medida nos varões de aço de reforço longitudinal foi de 0,0019 e a deformação transversal do betão foi de 0,003. Isto indica que os varões de aço à flexão não atingiram a tensão de cedência antes de o esmagamento do betão e a rotura por corte dominarem a rotura da viga. A deformação da armadura de aço longitudinal e a deformação do aço transversal da B11 em diferentes níveis de carga são mostradas nas figuras (5-13) e (5-14), respetivamente. A forma de rotura e o padrão de fendas são apresentados na figura (5-15).

Viga com 50% de agregados de betão reciclado (B12)

A fenda transversal primária formou-se a meio da altura da viga no vão de corte com aproximadamente 46 KN. A fenda estendeu-se e a sua largura aumentou com o aumento da carga. Fissuras transversais adicionais formaram-se no vão de corte e aumentaram com a fissura transversal primária. A rotura frágil ocorreu pela formação completa da fenda primária e pelo esmagamento da zona de compressão no local do ponto de carga.

Como se mostra na figura (5-11), a carga máxima do provete foi de 175 KN com uma deflexão a meio do vão correspondente de 6,6 mm.

Na carga máxima, como mostram as figuras (5-13), a deformação medida nos varões de aço da armadura principal foi de 0,0019. A forma de rotura e o padrão de fendas da viga B12 são apresentados na figura (5-15).

5-3-3-1 Comportamento de fissuração e modo de falha

Observou-se que não há diferença notável no padrão de fissuração devido à utilização de agregados reciclados.

Os provetes apresentaram uma fissura de corte inicial a meio da altura da viga ensaiada dentro do vão de corte. À medida que a carga aplicada foi aumentada, esta fissura estendeu-se e alargou-se. Após a formação completa da fenda transversal, ocorreu a rotura frágil.

A largura da fissura transversal foi observada e registou-se uma maior capacidade de carga.

Este facto é atribuído à presença de armadura de cisalhamento, que restringe o crescimento das fissuras transversais e reduz a sua penetração na zona de compressão, aumentando assim a parte da força de cisalhamento resistida pela zona de compressão do betão. Além disso, a presença de estribos aumenta a ação da cavilha. [23].

Para todas as vigas, uma vez que a fenda transversal primária se estendeu ao ponto de aplicação de carga e ao apoio ou perto do apoio, as vigas falharam e o corte domina o modo de falha de todos os espécimes de viga.

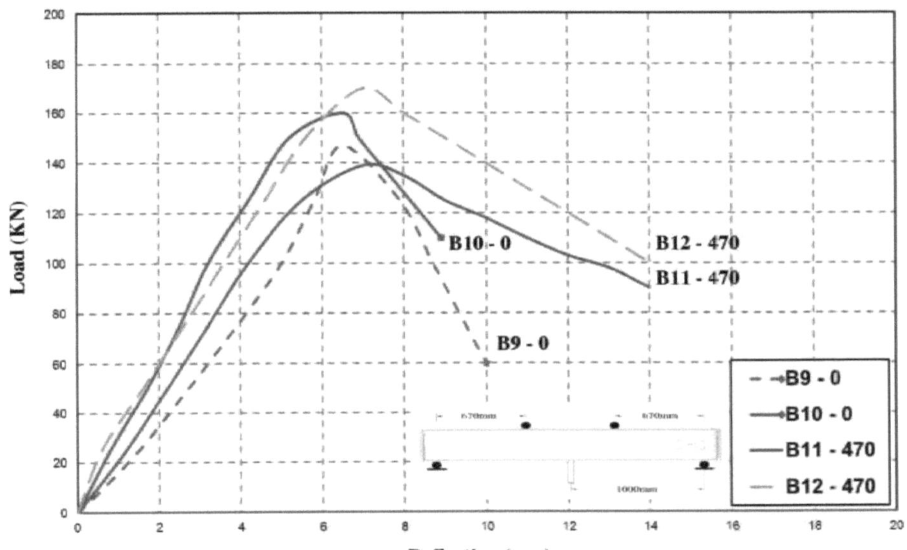

Fig. (5-11): Relação carga-deflexão a meio do vão do Grupo-G3

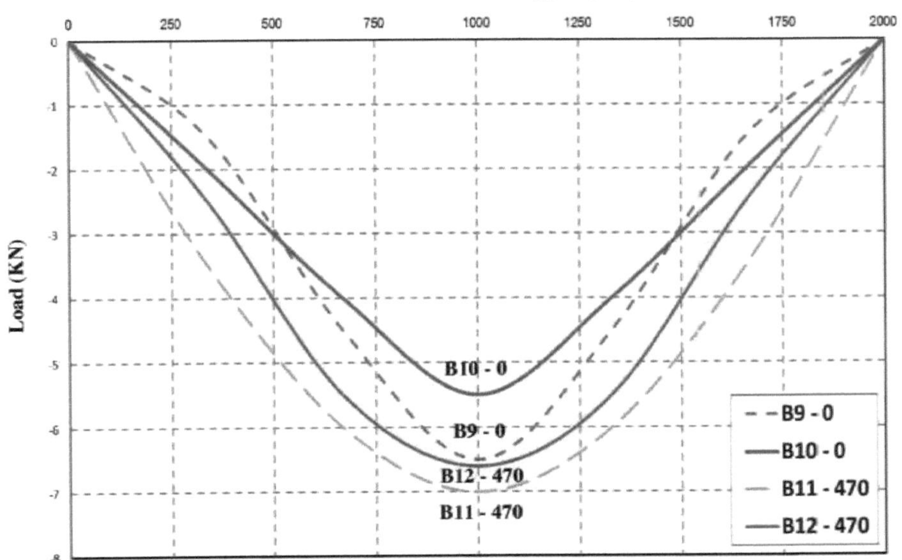

Fig. (5-12): Forma de deformação à carga máxima do Grupo-G3

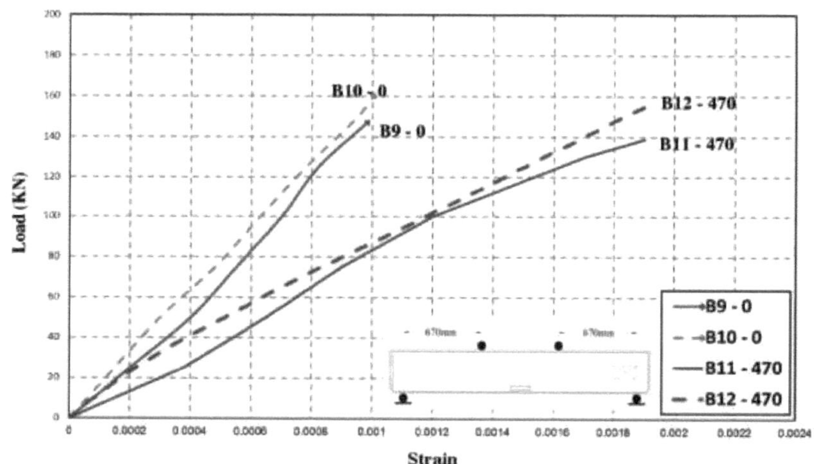

Fig. (5-13): Relação entre a carga e a deformação longitudinal do aço do Grupo-G3

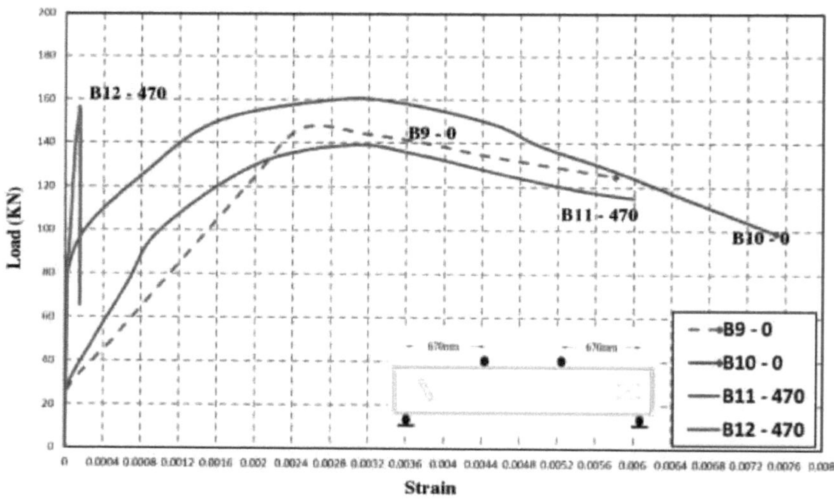

Fig. (5-14): Relação entre carga e deformação transversal do aço do Grupo-G3

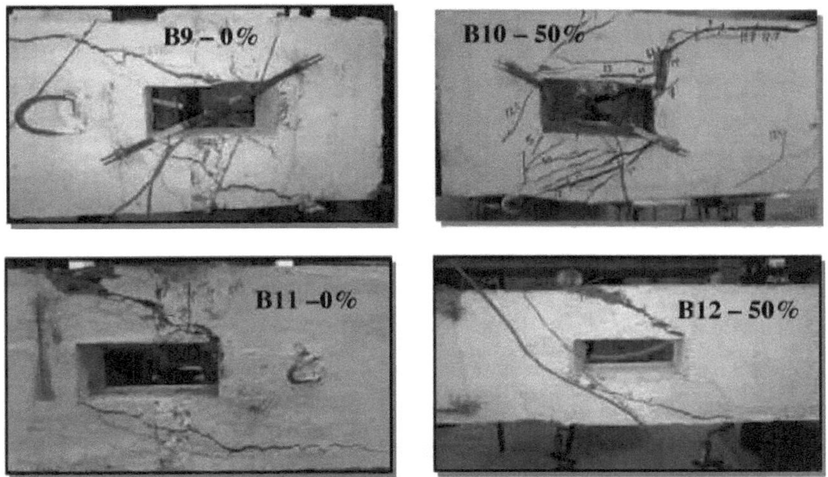

Fig. (5-15): Comportamento de fendilhação e forma de rotura do Grupo-G3
(Efeito da localização da abertura)

5-3-4 O Quarto Grupo

O quarto grupo é constituído por quatro vigas B13, B14, B15 e B16. As quatro vigas contêm 506/m de armadura transversal e foram ensaiadas com um vão de corte de 670 mm. A relação entre o vão de corte e a profundidade (a/d) das duas vigas é igual a 2. A abertura da conduta retangular situa-se a 240 mm do apoio direito da viga. A viga B13 não continha RCA e as vigas (B14, B15 e B16) continham 50% de RCA.

Viga sem agregados de betão reciclado (B13)

A cerca de 42 KN, formou-se uma fenda transversal primária a meio da altura da viga no vão de corte. A largura da fenda aumentou com o aumento da carga. A rotura por fragilidade ocorreu com a formação completa desta fenda.

A figura (5-16) mostra a relação entre a carga aplicada e a deformação a meio vão. A relação é quase linear. A carga máxima do provete foi de 133 KN e a correspondente deflexão a meio do vão medida pelo LVDT foi de 6,8 mm.

Na carga máxima, a deformação medida nos varões de aço de reforço longitudiral foi de 0,0015 e a deformação transversal do betão foi de 0,003. Isto indica que os varões de aço à flexão não atingiram a tensão de cedência antes de o esmagamento do betão e a rotura por corte dominarem a rotura da viga. A deformação da armadura de aço longitudinal e a deformação do aço transversal da B13 em diferentes níveis de carga são apresentadas nas figuras (5-18) e (5-19), respetivamente. A forma de rotura e o padrão de fendas são apresentados na figura (5-24).

Viga com 50% de agregados de betão reciclado (B14)

A fenda transversal primária formou-se a meia altura da viga no vão de corte a aproximadamente 45 KN. A fenda estendeu-se e a sua largura aumentou com o aumento da carga. Fissuras transversais adicionais formaram-se no vão de corte e aumentaram com a fissura transversal primária. A rotura frágil ocorreu pela formação completa da fenda primária e pelo esmagamento da zona de compressão no local do ponto de carga.

Como se mostra na figura (5-16), a carga última do provete foi de 170 KN com a correspondente deflexão a meio do vão de 6,0 mm.

Na carga máxima, como mostram as figuras (5-18) e (5-19), a deformação medida nos varões de aço da armadura principal foi de 0,0017 e a deformação de compressão do betão foi de 0,00058. A forma de rotura e o padrão de fendas da viga B14 são apresentados na figura (5-24).

Viga com 50% de agregados de betão reciclado (B15)

A cerca de 38,5 KN, formou-se uma fenda transversal primária a meio da altura da viga no vão de corte. A largura da fenda aumentou com o aumento da carga. A rotura por fragilidade ocorreu com a formação completa desta fenda.

A figura (5-16) mostra a relação entre a carga aplicada e a deformação a meio vão. A relação é quase linear. A carga máxima do provete foi de 177 KN e a correspondente deflexão a meio vão medida pelo LVDT foi de 6,5 mm.

Na carga máxima, a deformação medida nos varões de aço de reforço longitudinal foi de 0,00195 e a deformação transversal do betão foi de 0,00061. Isto indica que os varões de aço à flexão não atingiram a tensão de cedência antes de o esmagamento do betão e a rotura por corte dominarem a rotura da viga. A deformação da armadura de aço longitudinal e a deformação do aço transversal da B15 em diferentes níveis de carga são apresentadas nas figuras (5-18) e (5-17), respetivamente. A forma de rotura e o padrão de fendas são apresentados na figura (5-24).

Viga com 50% de agregados de betão reciclado (B16)

A fenda transversal primária formou-se a meio da altura da viga no vão de corte a aproximadamente 39,5 KN. A fenda estendeu-se e a sua largura aumentou com o aumento da carga. Fissuras transversais adicionais formaram-se no vão de corte e aumentaram com a fissura transversal primária. A rotura frágil ocorreu pela formação completa da fenda primária e pelo esmagamento da zona de compressão no local do ponto de carga.

Como se mostra na figura (5-16), a carga última do provete foi de 180 KN com uma deflexão a meio do vão correspondente de 6,8 mm.Na carga máxima, como mostram as figuras (5-18) e (5-19), a deformação medida nos varões de aço da armadura principal foi de 0,0019 e a deformação de compressão do betão foi de 0,00033. A forma de rotura e o padrão de fendas da viga B16 são apresentados na figura (5-24).

5-3-4-1 Comportamento de fissuração e modo de falha

Observou-se que não há diferença notável no padrão de fissuração devido à utilização de agregados reciclados.

Os provetes apresentaram uma fissura de corte inicial a meio da altura da viga ensaiada dentro do vão de corte. À medida que a carga aplicada foi aumentada, esta fissura estendeu-se e alargou-se. Após a formação completa da fenda transversal, ocorreu a rotura frágil.

A largura da fissura transversal foi observada e registou-se uma maior capacidade de carga. Este facto é atribuído à presença de armadura de cisalhamento, que restringe o crescimento das fissuras transversais e reduz a sua penetração na zona de compressão, aumentando assim a parte da força de cisalhamento resistida pela zona de compressão do betão. Além disso, a presença de estribos aumenta a ação da cavilha. [23].

Para todas as vigas, uma vez que a fenda transversal primária se estendeu ao ponto de aplicação de carga e ao apoio ou perto do apoio, as vigas falharam e o corte domina o modo de falha de todos os espécimes de viga.

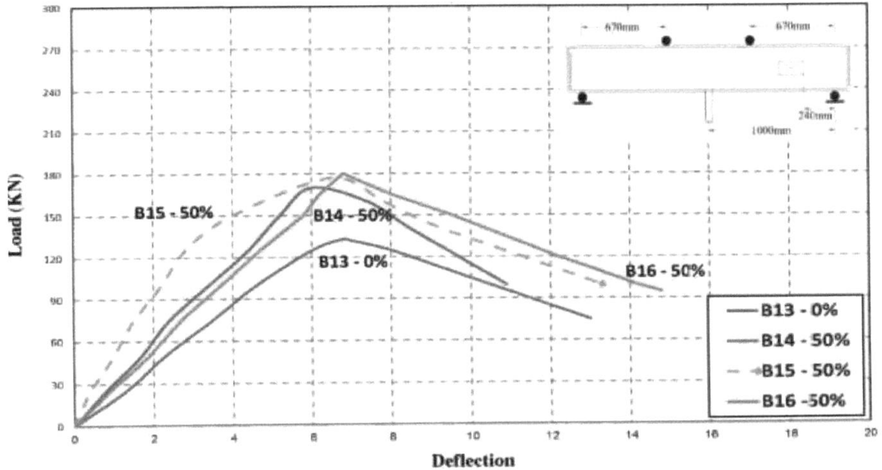

Fig. (5-16): Relação carga-deflexão a meio do vão do Grupo-G4

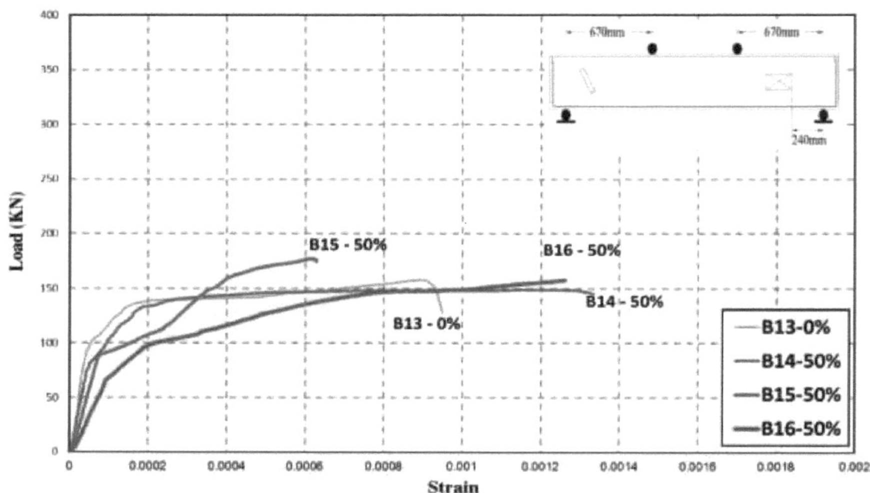

Fig. (5-17): Relação carga-deformação transversal do aço do Grupo-G4

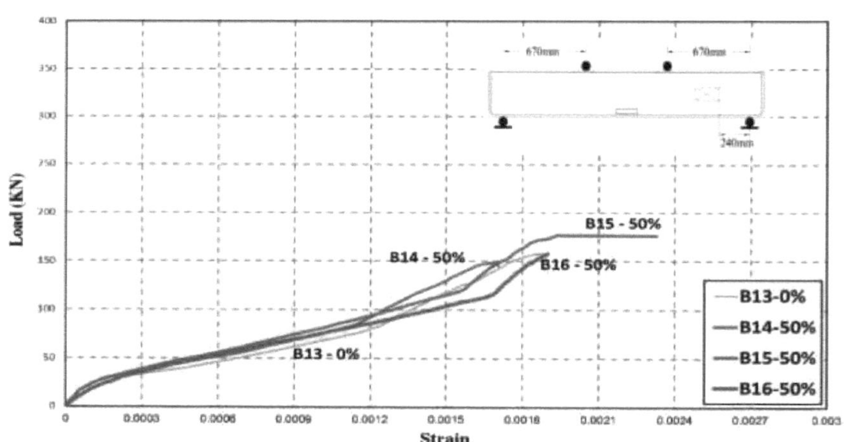

Fig. (5-18): Relação carga-deformação longitudinal do aço do Grupo-G4

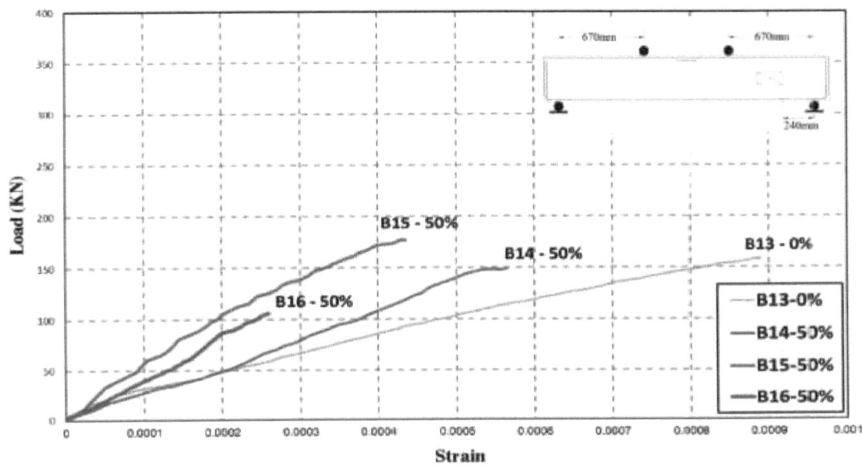

Fig. (5-19): Relação entre a carga e a compressão da deformação do betão do Grupo-G4

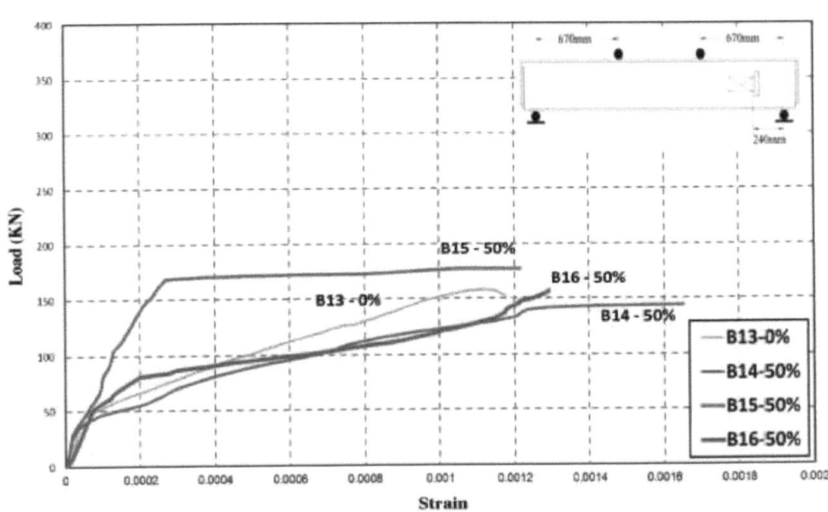

Fig. (5-20): Carga - Deformação transversal do aço para a relação direita do furo do Grupo-G4

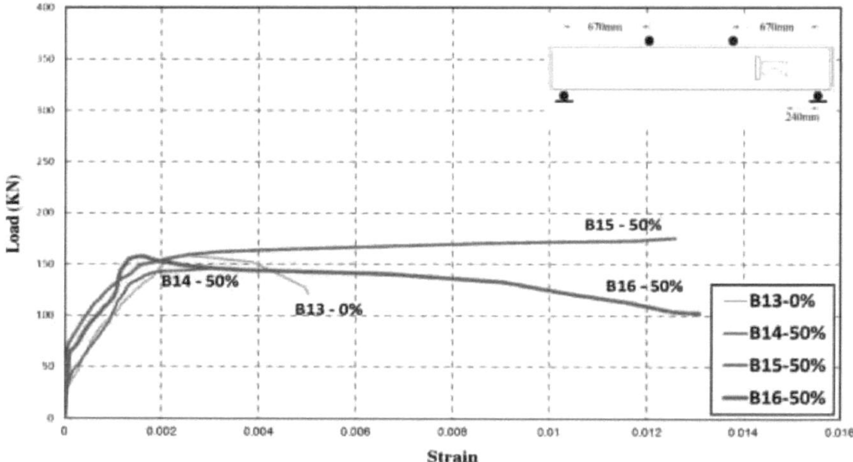

Fig. (5-21): Carga - Deformação transversal do aço para a relação esquerda do furo do Grupo-G4

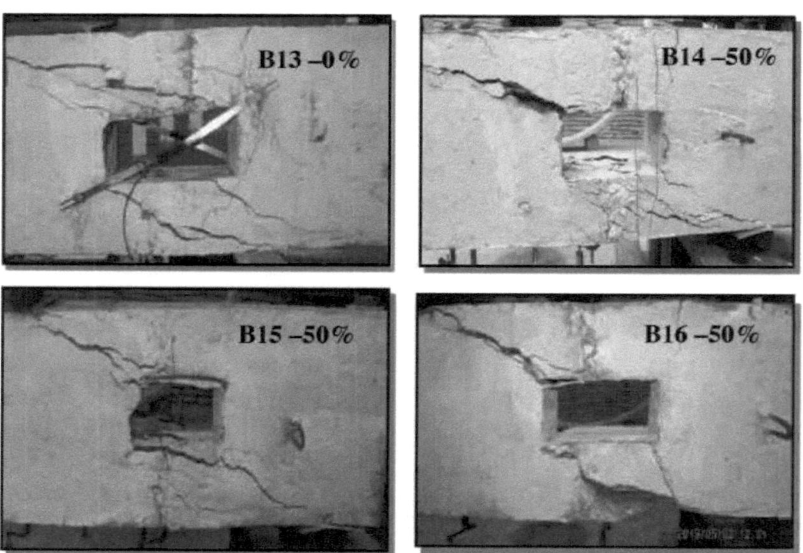

Fig. (5-22): Comportamento à fendilhação e forma de rotura do Grupo-G4
(Efeito dos diferentes pormenores de armadura à volta das aberturas)

5-4 DISCUSSÃO DOS RESULTADOS DOS ENSAIOS

5-4-1 Efeito dos rácios RCA

1. Sobre a deflexão

Pode ver-se na tabela (5-2) e na fig. (5-1) que a resposta à deflexão se torna mais rígida à medida que o rácio RCA aumenta, mantendo todos os outros parâmetros constantes. Para o mesmo nível de carga, a deflexão da viga com 75 % de substituição de RCA (viga B4) é menor do que a das vigas com 0, 25 e 50 % de substituição de RCA (vigas B1, B2 e B3), respetivamente.

2. Sobre a capacidade de corte

É de notar que a capacidade de corte do provete ensaiado aumenta à medida que o rácio de RCA aumenta até 50%. A carga final do provete B2 (que tem 25% de substituição de RCA) é maior do que a do provete B1 (que tem 0% de substituição). Por outro lado, o provete B4 (que tem 75% de substituição de RCA) apresentou a menor carga final, indicando que uma substituição superior a 50% leva a uma redução da capacidade de corte.

3. Sobre a tensão transversal do aço

Pode ver-se na fig. (5-3) que o rácio RCA não tem um efeito claro nas medições de deformação registadas nas fases iniciais do carregamento. No entanto, a viga com um rácio RCA mais elevado (B3) registou uma maior deformação na rotura do que a B1.

5-4-2 Efeito da relação entre o vão de corte e a profundidade

1. Sobre a deflexão

Pode ver-se nas figs. (5-1) e (5-6) que a relação entre o vão de corte e a profundidade teve um efeito mínimo na deformação das vigas ensaiadas nas fases iniciais do carregamento. No entanto, as vigas com menor relação entre o vão de corte e a profundidade (B5 e B6) registaram deflexões inelásticas mais elevadas na rotura.

2. Sobre a capacidade de corte

Como se pode ver também no quadro (5-2) e nas fig. (5-1) e (5-6), a carga última de corte aumenta com a diminuição da relação entre o vão de corte e a profundidade. As vigas B5 e B6, com uma relação entre o vão de corte e a profundidade mais baixa, registaram uma carga última à rotura mais elevada do que as vigas B7 e B8, respetivamente.

3. Sobre a tensão transversal e longitudinal do aço

Como se pode ver nas figuras (5-3), (5-9) e (5-14), os resultados dos ensaios indicaram que a viga com maior relação entre o vão de corte e a profundidade registou uma maior deformação transversal do aço, nas vigas B7 e B8, em comparação com as vigas B5 e B6, respetivamente. Da mesma forma, as fig. (5-4) e (5-8) mostraram que a viga com maior relação entre o vão de corte e a profundidade registou maior deformação longitudinal do aço, nas vigas B7 e B8, em comparação com as vigas B5 e B6, respetivamente.

5-4-3 Efeito de diferentes localizações de aberturas

1. Sobre a deflexão

Pode ver-se na tabela (5-2), fig. (5-6), (5-11) e (5-16) que a deflexão das vigas com 0% de substituição do RCA aumenta à medida que a abertura se afasta do apoio, vigas B11 e B13 em comparação com a viga B9. Da mesma forma, as fig. (5-6), (5-11) e (5-16) para vigas com 50% de substituição do RCA mostraram que a viga com abertura longe do apoio registou uma maior deflexão, as vigas B14 e B12, em comparação com a viga B10.

2. Sobre a capacidade de corte

Como se pode ver no quadro (5-2), nas figuras (5-6), (5-11) e (5-16), os resultados dos ensaios indicaram que a viga com abertura afastada do apoio registou uma carga última mais elevada, nas vigas B11 e B13, em comparação com a viga B9 (caso de 0% de substituição do RCA). Do mesmo modo, as fig. (5-6), (5-11) e (5-16) para vigas com 50% de substituição do RCA mostraram que a viga com abertura afastada do apoio registou uma carga última mais elevada, as vigas B14 e B12, em comparação com a viga B10.

3. Sobre o betão e a deformação longitudinal do aço

Com base nos resultados dos ensaios apresentados nas fig. (5-3), (5-9) e (5-14), para vigas com 0% de substituição do RCA, pode concluir-se que as deformações são mais elevadas para as vigas com a abertura mais afastada do apoio, B13 e B11, em comparação com B9. Da mesma forma, as fig. (5-3), (5-9) e (5-14) para vigas com 50% de substituição do RCA mostram que a viga com abertura longe do apoio registou uma carga última mais elevada, as vigas B14 e B12, em comparação com a viga B10.

5-4-4 Efeito dos pormenores de reforço à volta da abertura

1. Sobre a deflexão

Pode ver-se na tabela (5-2) que a deflexão aumenta devido ao reforço da abertura com chapa de aço, na viga B16, em comparação com as vigas B14 e B15.

2. Sobre a capacidade de corte

Com base no quadro (5-2), pode concluir-se que a capacidade de corte última aumenta com o reforço da abertura com chapa de aço, na viga B16, em comparação com as vigas B14 e

B15. Também se pode concluir que o reforço da abertura com chapa de aço pode compensar a redução da capacidade última de corte devido à presença da abertura, na viga B16, em comparação com a viga B8.

3. Sobre a tensão gravada

Os resultados dos ensaios mostraram que a deformação transversal das vigas com abertura de reforço foi ligeiramente superior à das vigas com armadura convencional à volta da abertura, B16 em comparação com B14, como se mostra nas fig. (5-9) e (5-17).

Capítulo 6
CONCLUSÕES E RECOMENDAÇÕES
6-1 RESUMO

Os resíduos provenientes da construção e demolição constituem um dos maiores fluxos de resíduos em todo o mundo. Assim, os resíduos de construção e demolição tornaram-se uma preocupação global que exige uma solução sustentável. É agora amplamente aceite que existe um potencial significativo de recuperação e reciclagem de resíduos de demolição para utilização em aplicações de valor acrescentado, a fim de maximizar os benefícios económicos e ambientais. A trituração do betão para produzir agregados grosseiros para a produção de betão novo é um meio comum de obter um betão mais ecológico. Isto reduz o consumo de recursos naturais, bem como o consumo dos aterros necessários para os resíduos de betão.

Com o objetivo de avaliar a aplicabilidade do betão com agregado reciclado para fins estruturais, foram realizadas misturas de traço. O agregado grosso reciclado foi produzido através da trituração de elementos de betão antigos utilizados em ensaios laboratoriais anteriores. Foram investigadas a trabalhabilidade e a resistência à compressão de quatro misturas de betão com agregados reciclados com diferentes rácios de RCA. Foram escolhidas duas misturas para serem utilizadas na moldagem dos provetes de vigas de betão armado. A resistência à compressão das misturas selecionadas foi apresentada e discutida.

Foi investigado o comportamento ao corte de dezasseis vigas de betão armado ensaiadas com os principais factores: rácios RCA, rácios de armadura de corte, rácios de vão para profundidade no comportamento ao corte, o efeito da abertura de condutas rectangulares em diferentes locais das vigas e rácios de aço longitudinal e transversal em torno das aberturas. O comportamento estrutural das vigas ensaiadas foi expresso em termos de padrão de fendilhação, modo de rotura, carga-deflexão, carga última e deformações no aço longitudinal, nos estribos e no betão.

6-2 CONCLUSÕES

Com base nos resultados experimentais das misturas de betão e dos provetes ensaiados, a presente investigação mostra que o agregado reciclado de betão (RCA) pode ser utilizado com êxito como material de construção para elementos estruturais sujeitos a diferentes tipos de cargas de cisalhamento, desde que se realizem ensaios químicos, físicos e mecânicos para garantir a sua conformidade com critérios aceitáveis, uma vez que o RCA é um material não homogéneo e as suas propriedades variam de um lote para outro.

No âmbito da presente investigação e da gama de parâmetros investigados, podem ser tiradas as seguintes conclusões:

6-2-1 Conclusões relativas às misturas de betão

1. Devido à argamassa aderente, a variação da densidade, a taxa de absorção de água e a abrasão Los Angeles dos agregados de betão reciclado são muito mais elevadas do que as dos agregados naturais. Isto pode causar problemas de controlo de qualidade.

2. O agregado de betão reciclado deve ser humedecido antes de ser utilizado, a fim de obter uma trabalhabilidade aceitável do betão, ou seja, um valor de abatimento de 10 ± 2 cm.

3. A substituição total do agregado natural por agregados reciclados leva a uma diminuição da resistência à compressão do betão e pode ser considerada não prática.

4. Para misturas com um teor de cimento de 350 kg/m^3 , a resistência à compressão das misturas com até 50% de agregado reciclado é superior à das misturas com agregado natural. Por conseguinte, é mais útil utilizar agregado de betão reciclado em betão de baixa resistência.

6-2-2 Conclusões relativas às vigas ensaiadas

1. A capacidade de corte dos provetes ensaiados aumenta à medida que o rácio de RCA aumenta até 50%. Por outro lado, o provete B4 (que tem 75% de substituição de RCA) apresentou a menor carga final, indicando que uma substituição superior a 50% leva a uma redução da capacidade de corte.

2. A tensão nos estribos aumenta à medida que o rácio RCA aumenta.

3. O aumento da relação entre o vão de cisalhamento e a profundidade levou à redução da resistência ao cisalhamento.

4. As vigas com menor relação entre o vão de corte e a profundidade registaram maiores deformações inelásticas na rotura.

5. As vigas de betão reciclado registaram uma pequena redução dos valores de rigidez em comparação com as vigas de betão natural.

6. A viga com abertura afastada do apoio registou uma carga última mais elevada, as vigas B14 e B12, em comparação com a viga B10.

7. O reforço da abertura com chapa de aço pode compensar a redução da capacidade de corte final devido à presença da abertura.

8. Tanto as disposições do código egípcio como as do código ACI foram conservadoras na previsão da resistência ao corte final das vigas de betão natural e reciclado.

6-3 RECOMENDAÇÕES PARA INVESTIGAÇÕES FUTURAS

Sugerem-se as seguintes recomendações para futuros trabalhos de investigação:

1. Estudar o comportamento de elementos de betão armado sob diferentes condições ambientais (humidade, água salgada, soluções alcalinas, congelamento-degelo, expansão térmica, condicionamento seco-calor, UV e ciclos de carga reportados).

2. Investigação dos factores de redução devidos à substituição total do agregado natural por agregado reciclado em elementos estruturais.

3. Investigação dos níveis óptimos de substituição de agregado natural por agregado reciclado em relação ao teor de cimento em misturas de betão.

REFRÊNCIAS

1- ACI committee 318, American Concrete Institute, (2008) "Building Code Requirements for Structure Concrete" Detroit, Michigan.

2- ACI committee 555, American Concrete Institute, (2001) "Removal and Reuse of Hardened Concrete" Detroit, Michigan.

3- ASTM C469-02. "Método de ensaio normalizado para o módulo de elasticidade estático e o coeficiente de Poisson do betão em compressão".

4- Ashour S. A. (2000) "Effect of compressive strength and tensile reinforcement ratio on flexural behavior of high-strength concrete beams" Journal of Engineering Structures, Vol. 22, pp 413-423.

5- Ajdukiewicz A. B., Kliszczewicz A. T. (2007) "Comparative Tests of Beams and Columns Made of Recycled Aggregate Concrete and Natural Aggregate Concrete" Journal of Advanced Concrete Technology, Japan Concrete Institute, Vol. 5, No.2, pp 259-273.

6- Casuccio M., Torrijos M.C., Giaccio G., Zerbino R. (2008) "Failure Mechanism of Recycled Aggregate Concrete" Journal Construction and Building Materials, Vol. 22, Issue 7, pp 1500-1506.

7- Collins R. J. (1993) "Reuse of Demolition Materials in Relation to Specifications in the UK". Guidelines for Demolition and Reuse of Concrete and Masonary. Proceedings of the Third International RILEM Symposium on Demolition and Reuse of Concrete Masonary, Odense, Dinamarca, 24-27 de outubro de 1993, pp. 49-56.

8- De Juan M. S., Gutierrez P. A. (2004) "Influence of Recycled Aggregate Quality on Concrete Properties" Proceedings of the International RILEM Conference on the Use of Recycled Materials in Building and Structures, Barcelona, Espanha, 9-11 de novembro de 2004.

9- Código Egípcio de Práticas para o Projeto e Construção de Estruturas de Betão ECCS (203-2007).

10- Conselho Ambiental das Organizações de Betão, ECCO. (1999) 'Recycling Concrete and Masonry".

11- ESS 76/2001, Especificação da Norma Egípcia "Ensaio de tração de metais".

12- ESS 262/2000, Especificação normalizada egípcia "Aço para reforço de betão".

13- ESS 1109/2001, Especificação normalizada egípcia "Agregados para betão".

14- ESS 1658/2006, Especificação normalizada egípcia "Testing of Concrete" (Ensaio de betão).

15- ESS 2421/2005, Especificação normalizada egípcia "Cement-Physical and Mechanical Tests".

16- ESS 4756-1/2007, Especificação Normativa Egípcia, "Composição, Especificações e Critérios de Conformidade para Cimentos Comuns".

17- U.S. Army Corps of Engineers (2004) "Reuse of Concrete Materials from Building Demolition" Public Works Technical Bulletin 200-1-27, 14 de setembro de 2004.

18- Vukov J. (2003) "Guidance Document for Reclaimed Portland Cement Concrete" (Documento de orientação para o betão de cimento Portland recuperado), relatório final do contrato público a nível estatal n.º 440128, elaborado para o Commonwealth of Pennsylvania Department of Transportation PENNDOT, janeiro de 2003.

19- Xiao J. Zh., Li J. B., Zhang Ch. (2006) "On Relationships between the Mechanical Properties of Recycled Aggregate Concrete: An Overview" Journal of Materials and Structures, RILEM, Vol.39, pp655-664.

20- Fatma Al Zahraa Ibrahim Abd El-latif (2001) "Comportamento estrutural de vigas de betão armado com agregados de betão reciclado" B. SC. De Engenharia Civil 2001 - Universidade do Cairo.

21- Akash Rao, Kumar N. Jha e Sudhir Misra (2007) " Use of aggregates from recycled construction and demolition waste in concrete" Journal of Resources, Conservation and Recycling, RILEM, Vol.50, pp71-81.

22- Salah A. Aly, Mohammed A. Ibrahim, e Mostafa M. Khattab, "Shear Behaviour of Reinforced Concrete Beams Casted with Recycled Coarse Aggregate", International Science Index, 17(2015), Nova Iorque, EUA.

23- Salah A. Aly, Mohammed A. Ibrahim e Mostafa M. Khattab, "Shear Behaviour of Reinforced Concrete Beams Casted with Recycled Coarse Aggregate", European Journal of Advances in Engineering and Technology, 2015, 2(9): 59-71

24- Salah A. Aly, Mohammed E Issa, e Magda M Elgaml, "Comportamento ao cisalhamento de uma viga reforçada fundida com Super Creta (Icon)", Revista Europeia de Avanços em Engenharia e Tecnologia, 2015, 2(11): 1-9

yes

I want morebooks!

Buy your books fast and straightforward online - at one of world's fastest growing online book stores! Environmentally sound due to Print-on-Demand technologies.

Buy your books online at
www.morebooks.shop

Compre os seus livros mais rápido e diretamente na internet, em uma das livrarias on-line com o maior crescimento no mundo! Produção que protege o meio ambiente através das tecnologias de impressão sob demanda.

Compre os seus livros on-line em
www.morebooks.shop

Printed by Books on Demand GmbH, Norderstedt / Germany